高等职业教育系列教材

电工电子实训项目化教程

主　编　蒋祥龙　李震球
参　编　唐晓庆　魏克辉　何婷婷
　　　　冯启荣　王　维　刘世磊

机械工业出版社

本书以典型工作任务为导向，理论与实践并重。主要介绍了电工安全与防护、常用电工工具及仪器仪表的使用、常用电子元器件的识别与检测、焊接技能训练、电工电子线路的识读、常用照明线路的安装与维修、典型电子电路的组装与调试。全书内容由浅入深，循序渐进。融入了职业电工考证内容，注重理论知识的实用性、科学性和应用性，充分体现了电工电子实训的特点，适合应用型人才培养的需要。

本书适用于中职、高职院校电气自动化技术、机电一体化技术、楼宇智能化、应用电子技术、工业机器人技术等相关专业教学使用，也可供有关工程技术人员阅读参考使用。

本书配有电子课件、教案、视频等课程资源，需要的教师可登录机械工业出版社教育服务网www.cmpedu.com免费注册后下载，或联系编辑索取（微信：13261377872，电话：010-88379739）。

图书在版编目（CIP）数据

电工电子实训项目化教程 / 蒋祥龙，李震球主编 . —北京：机械工业出版社，2024.1（2025.1 重印）
高等职业教育系列教材
ISBN 978-7-111-74455-9

Ⅰ.①电⋯　Ⅱ.①蒋⋯②李⋯　Ⅲ.①电工技术 – 高等职业教育 – 教材②电子技术 – 高等职业教育 – 教材　Ⅳ.①TM②TN

中国国家版本馆CIP数据核字（2023）第238409号

机械工业出版社（北京市百万庄大街22号　邮政编码100037）
策划编辑：曹帅鹏　　　　　责任编辑：曹帅鹏
责任校对：张爱妮　梁　静　责任印制：单爱军
北京虎彩文化传播有限公司印刷
2025年1月第1版第2次印刷
184mm×260mm・13.5 印张・322 千字
标准书号：ISBN 978-7-111-74455-9
定价：55.00元

电话服务　　　　　　　　　网络服务
客服电话：010-88361066　　机　工　官　网：www.cmpbook.com
　　　　　010-88379833　　机　工　官　博：weibo.com/cmp1952
　　　　　010-68326294　　金　书　网：www.golden-book.com
封底无防伪标均为盗版　　　机工教育服务网：www.cmpedu.com

Preface 前言

国务院印发了《中华人民共和国国民经济和社会发展第十四个五年规划和2035年远景目标纲要》，规划中明确提出加快发展职业教育，建立健全对接产业发展中高端水平的职业教育与教学标准体系。这就对高水平的职业教材提出了要求。本书由一批长期从事专业技能教学且具有丰富经验的教师编写，内容贴近生产实际，具有较高的可操作性和一定的实用价值，适合电气自动化技术、机电一体化技术、工业机器人技术等相关专业的教学。本书特色主要体现在以下几个方面：

第一，在编写结构上，不再采用以电工等级分类的编写体系，而是以当前行业要求电工必须掌握的主要技术能力为编写标准。按项目进行教学分类，便于教师安排教学及学生自学。

第二，在理论教学上以"够用"为原则，以培养应用型、技术型、创新型人才为目标。本书的编写坚持"以电工职业标准为依据，以企业需求为导向，以职业能力为核心"的理念，结合企业实际，反映岗位需求，突出新知识、新技术、新工艺和新方法。

第三，采用"任务驱动"编写模式。本书以工作任务为引领，使理论与实践融为一体。每个工作任务都设有任务描述、知识准备、任务实施、任务考评、课后习题五个栏目，构建"做中学、学中做"的学习过程。

第四，采用线上/线下结合的教学模式，融入课程思政。学生成绩由过程考核和结果考核两部分组成，过程考核体现在平时考核，由授课教师根据学生考勤、实际操作、回答问题、学习态度、8S管理等表现进行评定。学生在学完该课程规定的内容后，教师根据学生期末考试成绩（占总成绩50%）、平时考核（占总成绩50%）进行综合评定，成绩合格者予以通过。

第五，注重一体化教学实施。一体化教学能充分发挥学生的主观能动性，让学生成为课堂教学的主体，教师辅助学生完成任务。学生收到任务书后，每个小组都要经过自主学习、讨论、制定具体的工作计划，包括确定任务目标、原理分析、所需器材、实施内容及步骤、注意事项等。

本书由蒋祥龙、李震球主编并负责统稿工作，唐晓庆、魏克辉、何婷婷、冯启荣、王维、刘世磊参编，韩叶忠主审。全书共分7个项目，项目1、项目2由蒋祥龙编写，项目3由唐晓庆、蒋祥龙编写，项目4由何婷婷编写，项目5由李震球、蒋祥龙编写，项目6由冯启荣编写，项目7由魏克辉、蒋祥龙编写。参考文献、课后习题由王维、刘世磊整理。在本书的编写中，特别感谢重庆科创职业学院、杭州萧山技师学院的大力协助，同时也感谢重庆华中技术有限公司余金洋提出的宝贵意见和编写思路。

由于编者水平有限，书中难免有疏漏和不足之处，恳请读者批评指正。

编 者

目 录 Contents

前言

项目 1　电工安全与防护 ... 1

任务描述 ... 2
知识准备 ... 2
 1.1　触电种类及形式 ... 2
 1.2　触电原因及预防措施 ... 5
任务实施 ... 7
1.3　脱离电源 ... 7
1.4　口对口人工呼吸法 ... 8
1.5　人工胸外挤压心脏法 ... 10
任务考评 ... 11
课后习题 ... 12

项目 2　常用电工工具及仪器仪表的使用 ... 13

任务 2.1　常用电工工具使用 ... 13
任务描述 ... 14
知识准备 ... 14
 2.1.1　验电器 ... 14
 2.1.2　剥线钳 ... 15
 2.1.3　尖嘴钳 ... 16
 2.1.4　钢丝钳 ... 16
 2.1.5　断线钳 ... 17
 2.1.6　扳手 ... 17
 2.1.7　电工刀 ... 17
 2.1.8　手电钻 ... 17
 2.1.9　冲击电钻 ... 18
 2.1.10　登高用具 ... 18
 2.1.11　常用旋具 ... 20
任务实施 ... 21
 2.1.12　塑料硬导线线头绝缘层的剖削 ... 21
 2.1.13　塑料软线绝缘层的剖削 ... 21
任务考评 ... 22
课后习题 ... 23

任务 2.2　常用仪器仪表使用 ... 23
任务描述 ... 24
知识准备 ... 25
 2.2.1　模拟式万用表 ... 25
 2.2.2　数字式万用表 ... 26
 2.2.3　钳形电流表 ... 27
 2.2.4　兆欧表 ... 27
任务实施 ... 29
 2.2.5　模拟式万用表的使用 ... 29
 2.2.6　数字式万用表的使用 ... 30
任务考评 ... 31
课后习题 ... 32

项目 3　常用电子元器件的识别与检测 ……………… 33

任务 3.1　常用电子元件的识别与检测 …… 33
　任务描述 ……………………………… 34
　知识准备 ……………………………… 34
　　3.1.1　电阻器的识别与检测 ………… 34
　　3.1.2　电容器的识别与检测 ………… 40
　　3.1.3　电感器的识别与检测 ………… 45
　任务实施 ……………………………… 48
　　3.1.4　万用表检测常用电子元件 …… 48
　任务考评 ……………………………… 51
　课后习题 ……………………………… 52
任务 3.2　常用半导体器件的
　　　　　　识别与检测 ………………… 52
　任务描述 ……………………………… 53
　知识准备 ……………………………… 53
　　3.2.1　二极管的识别与检测 ………… 53
　　3.2.2　晶体管的识别与检测 ………… 58

　　3.2.3　场效应晶体管的识别与检测 …… 61
　任务实施 ……………………………… 64
　　3.2.4　万用表检测常用电子器件 …… 64
　任务考评 ……………………………… 65
　课后习题 ……………………………… 66
任务 3.3　集成电路、开关与接插件的
　　　　　　识别与检测 ………………… 66
　任务描述 ……………………………… 68
　知识准备 ……………………………… 68
　　3.3.1　集成电路的识别与检测 ……… 68
　　3.3.2　开关与接插件的识别与检测 …… 71
　任务实施 ……………………………… 75
　　3.3.3　万用表检测集成电路、开关及
　　　　　　接插件 …………………… 75
　任务考评 ……………………………… 76
　课后习题 ……………………………… 77

项目 4　焊接技能训练 …………………………………… 78

　任务描述 ……………………………… 79
　知识准备 ……………………………… 79
　　4.1　常用焊接工具和焊接材料 ……… 79
　　4.2　手工焊接工艺 …………………… 87

　任务实施 ……………………………… 96
　　4.3　在 PCB 上焊接灯光控制电路 …… 96
　任务考评 ……………………………… 98
　课后习题 ……………………………… 99

项目 5　电工电子线路的识读 ………………………… 101

任务 5.1　电工线路用图的识读 ………… 101
　任务描述 ……………………………… 102
　知识准备 ……………………………… 102
　　5.1.1　电工用图的分类及要求 ……… 102
　　5.1.2　常见电工用图的符号 ………… 104
　　5.1.3　电工用图的识图方法和步骤 … 106
　任务实施 ……………………………… 108
　　5.1.4　认识元器件符号 ……………… 108
　　5.1.5　识读主电路 …………………… 109

　　5.1.6　识读控制电路 ………………… 110
　任务考评 ……………………………… 111
　课后习题 ……………………………… 113
任务 5.2　电子线路用图的识读 ………… 113
　任务描述 ……………………………… 114
　知识准备 ……………………………… 115
　　5.2.1　电子线路图的识读技巧 ……… 115
　　5.2.2　电子线路图的识图方法和
　　　　　　步骤 ……………………… 116

任务实施 ·················· 117
　　5.2.3　认识元器件符号 ·············· 117
任务考评 ·················· 118
课后习题 ·················· 119

项目 6　常用照明线路的安装与维修 ·················· 120

任务 6.1　白炽灯照明线路的
　　　　　安装与维修 ·················· 120
　任务描述 ·················· 121
　知识准备 ·················· 121
　　6.1.1　单控白炽灯照明线路的
　　　　　安装与维修 ·················· 121
　　6.1.2　双控白炽灯照明线路的
　　　　　安装 ·················· 125
　任务实施 ·················· 127
　　6.1.3　照明线路安装及工艺 ·············· 127
　任务考评 ·················· 129

课后习题 ·················· 130
任务 6.2　荧光灯照明线路的安装与维修 ···· 131
　任务描述 ·················· 132
　知识准备 ·················· 132
　　6.2.1　荧光灯照明线路原理 ············· 132
　　6.2.2　荧光灯照明线路的安装 ·········· 135
　任务实施 ·················· 136
　　6.2.3　荧光灯双控照明线路安装及
　　　　　工艺 ·················· 136
　任务考评 ·················· 138
　课后习题 ·················· 139

项目 7　典型电子电路的组装与调试 ·················· 140

任务 7.1　晶体管串联可调稳压电源电路的
　　　　　组装与调试 ·················· 140
　任务描述 ·················· 141
　知识准备 ·················· 141
　　7.1.1　识读晶体管串联可调
　　　　　稳压电源电路 ·················· 141
　　7.1.2　分析晶体管串联可调
　　　　　稳压电源电路 ·················· 143
　　7.1.3　明确任务要求 ·················· 144
　任务实施 ·················· 145
　　7.1.4　任务准备 ·················· 145
　　7.1.5　线路安装与调试 ·············· 145
　任务考评 ·················· 146
　课后习题 ·················· 148
任务 7.2　触摸延时开关电路的
　　　　　组装与调试 ·················· 149
　任务描述 ·················· 150
　知识准备 ·················· 150

　　7.2.1　识读触摸延时开关电路 ·········· 150
　　7.2.2　分析触摸延时开关电路 ·········· 152
　　7.2.3　明确任务要求 ·················· 153
　任务实施 ·················· 154
　　7.2.4　任务准备 ·················· 154
　　7.2.5　线路安装与调试 ·············· 155
　任务考评 ·················· 156
　课后习题 ·················· 158
任务 7.3　无稳态多谐振荡电路的
　　　　　组装与调试 ·················· 158
　任务描述 ·················· 160
　知识准备 ·················· 160
　　7.3.1　识读无稳态多谐振荡电路 ······ 160
　　7.3.2　分析无稳态多谐振荡电路 ······ 161
　　7.3.3　明确任务要求 ·················· 162
　任务实施 ·················· 164
　　7.3.4　任务准备 ·················· 164
　　7.3.5　线路安装与调试 ·············· 164

任务考评 ···································· 165
　　课后习题 ···································· 168
任务 7.4　小信号调光电路的组装与调试 ··· 168
　　任务描述 ···································· 169
　　知识准备 ···································· 169
　　　7.4.1　识读小信号调光电路 ········· 169
　　　7.4.2　分析小信号调光电路 ········· 171
　　　7.4.3　明确任务要求 ················ 172
　　任务实施 ···································· 173
　　　7.4.4　任务准备 ····················· 173
　　　7.4.5　线路安装与调试 ·············· 174
　　任务考评 ···································· 174
　　课后习题 ···································· 177
**任务 7.5　六进制计数器电路的
　　　　　组装与调试** ······················ 177
　　任务描述 ···································· 179
　　知识准备 ···································· 179
　　　7.5.1　识读六进制计数器电路 ········ 179
　　　7.5.2　分析六进制计数器电路 ········ 182
　　　7.5.3　明确任务要求 ················ 182
　　任务实施 ···································· 183
　　　7.5.4　任务准备 ····················· 183
　　　7.5.5　线路安装与调试 ·············· 184
　　任务考评 ···································· 185
　　课后习题 ···································· 187

**任务 7.6　NE555 触摸门铃电路的
　　　　　组装与调试** ······················ 187
　　任务描述 ···································· 189
　　知识准备 ···································· 189
　　　7.6.1　识读 NE555 触摸门铃电路 ····· 189
　　　7.6.2　分析 NE555 触摸门铃电路 ····· 192
　　　7.6.3　明确任务要求 ················ 192
　　任务实施 ···································· 193
　　　7.6.4　任务准备 ····················· 193
　　　7.6.5　线路安装与调试 ·············· 194
　　任务考评 ···································· 195
　　课后习题 ···································· 197
**任务 7.7　CD4069 声控报警电路的
　　　　　组装与调试** ······················ 197
　　任务描述 ···································· 199
　　知识准备 ···································· 199
　　　7.7.1　识读 CD4069 声控报警电路 ··· 199
　　　7.7.2　分析 CD4069 声控报警电路 ··· 200
　　　7.7.3　明确任务要求 ················ 201
　　任务实施 ···································· 201
　　　7.7.4　任务准备 ····················· 201
　　　7.7.5　线路安装与调试 ·············· 202
　　任务考评 ···································· 203
　　课后习题 ···································· 206
参考文献 ·· 207

项目 1　电工安全与防护

知识目标

1）了解安全用电的重要性；
2）了解一般情况下人体可以承受的安全电流和电压，了解触电事故的发生原因，了解安全用电的原则；
3）掌握用电安全技术（包括接地保护、接零保护和漏电保护）；
4）掌握触电急救的方法。

能力目标

1）会触电急救以及安全用电；
2）培养学生逻辑思维和使用知识解决实际问题的能力；
3）学习搜索用电安全相关资料；
4）培养学生线上使用职教云等在线课程平台的能力。

素养目标

1）培养学生自觉遵守安全及技能操作规程，养成认真负责、精细操作的工作习惯；
2）培养学生的团队合作意识。

实施流程

实施流程的具体内容见表 1-1。

表 1-1　实施流程的具体内容

序号	工作内容	教师活动	学生活动	学时
1	布置任务	1）通过职教云、在线课程平台公告、微信下发预习通知 2）通过在线论坛收集、分析学生疑问 3）通过职教云设置考勤	1）接受任务，明确安全用电工作内容 2）在线学习资料、参考教材和课件，完成课前预习 3）反馈疑问 4）完成职教云签到	4学时
2	知识准备	1）安全用电的意义 2）触电种类、触电形式、触电原因 3）触电救护	1）学习安全用电的重要性 2）熟悉安全用电常识 3）学习触电救护	

（续）

序号	工作内容	教师活动	学生活动	学时
3	任务实施	1）教师下发任务单 2）督导学生完成	1）按照任务要求与教师的演示过程，学生分组完成任务单 2）师生互动，讨论任务实施过程中出现的问题 3）完成任务书	4学时
4	任务考评	1）按具体评分细则对学生进行评价 2）采用过程性考核方式，通过学生学习全过程的表现，教师给出综合评定分数	按具体评分细则进行自我评价、组内互评	

任务描述

随着电能应用的不断拓展，以电能为介质的各种电气设备广泛进入企业、社会和家庭生活中。同时，由于使用不当或其他原因引发的安全事故也不断发生。为了实现电气安全，在对电网本身的安全进行保护的同时，更要重视用电的安全问题。因此，学习安全用电基本知识，掌握常规触电防护技术，是保证用电安全的有效途径。

知识准备

1.1 触电种类及形式

1. 触电种类

触电种类主要有电击和电伤。电击是指电流通过人体时所造成的内伤。后果有肌肉抽搐、内部组织损伤，同时人体会有发热、发麻、神经麻痹等症状出现。情况严重还会引起昏迷、窒息，甚至心脏停止跳动、血液循环终止等。通常说的触电就是电击，触电死亡绝大部分为电击造成的。

电伤是在电流的热效应、化学反应、机械效应以及电流本身作用下造成的人体伤。常见的有灼伤、烙伤和皮肤金属化等现象。灼伤是电流的热效应引起的，主要有电弧灼伤，会造成皮肤红肿、烧焦或者皮下组织损伤；烙伤是电流的热效应引起的，主要出现硬块，使皮肤变色；皮肤金属化指电流的热效应和化学反应导致熔化的金属微粒渗入皮肤表层，使受伤部位皮肤带金属颜色且留下硬块。

2. 电流伤害人体的主要因素

（1）电流大小　通过人体的电流越大，时间越长，危险就越大。工频交流电大致分为三种：感觉电流、摆脱电流、致命电流。感觉电流指会引起人体感觉的最小电流值（1～3mA）；摆脱电流指人体触电后能自主摆脱电源的最大电流值（10mA）；致命电流指在较短的时间内危及生命的最小电流值（30mA）。1mA左右的电流通过人体时会让人产生麻刺的感觉；10～30mA的电流通过人体时，会让人出现麻痹、剧痛、血压升高、呼吸困难等症状，并且不能自主摆脱带电体，但又没有生命危险；电流达到50mA以上时，就会引起心室颤动，人有生命危险；100mA以上的电流足以致人死亡。工频电流大小对人体的伤害程度见表1-2。

表1-2 工频电流大小对人体的伤害程度

电流范围/mA	通电时间	人体生理反应
0～0.5	连续通电	无感觉
0.5～5	连续通电	开始有感觉，手指、手腕处有痛感，没有痉挛，可以摆脱电源
5～30	数分钟以后	痉挛，不能摆脱电源，呼吸困难、血压升高，是可忍受的极限
30～50	数秒钟到数分钟	心脏跳动不规则，昏迷、血压升高、强烈痉挛，时间过长引起心室颤动
50至数百	低于心脏搏动周期（0.6～1s）	强烈冲击，但未发生心室颤动
	超过心脏搏动周期	昏迷、心室颤动，接触部位留有电流通过的痕迹
超过数百	低于心脏搏动周期	在心脏搏动周期特定的相位触电时，发生心室颤动、昏迷，接触部位留有电流通过的痕迹
	超过心脏搏动周期	心脏停止跳动、昏迷，甚至死亡，有灼伤

人体允许电流指发生触电后触电者能自行摆脱电源，解除触电危害的最大电流。不同情况下的人体允许电流：

1）通常情况下，人体的允许电流，男性为9mA，女性为6mA；

2）在设备和线路装有触电保护设施的条件下，人体允许电流可达30mA；

3）在容器中、高空、水面上因电击可能造成二次事故的场所，人体允许电流应按5mA考虑。

（2）通过人体频率 交流电的危害性大于直流电，因为交流电主要是麻痹破坏神经系统，往往难以自主摆脱，一般认为40～60Hz的交流电对人最危险，男性、成年人、身体健康者受电流伤害的程度相对要轻一些。频率的增高，可以使电流对人体造成的危险性相应降低。当电源频率大于2000Hz时，其所产生的损害明显减小，高频电流不仅不会伤害人体，还能用于治疗一些疾病，如骨质增生（微波疗法）、肺癌（激光疗法）等，但高压高频电流对人体的危险仍然很大。不同频率的电流对人体的伤害见表1-3。

表1-3 不同频率的电流对人体的伤害

频率/Hz	对人体的伤害
50～100	45%的死亡率
125	25%的死亡率
200	基本上消除了触电危险

（3）电流通过人体时间长短 人体发生触电时，通过人体的电流时间越长，越易造成心室颤动，对生命造成的危险就越大。据统计，触电1～5min内急救，有约90%的成功率，10min内急救有约60%的成功率，超过15min则希望甚微。

（4）电流通过人体不同部位 电流通过头部可使人昏迷，通过脊髓可能导致瘫痪，通过心脏会造成心跳停止、血液循环中断，通过呼吸系统会造成窒息。因此，从左手到胸部是最危险的电流路径，从手到手是很危险的电流路径。电流通过不同路径对人体的伤害见表1-4。

表1-4　电流通过不同路径对人体的伤害

电流通过人体的路径	通过心脏电流占人体总电流百分数（%）
从一只手到另一只手	3.3
从左手到右脚	3.7
从右手到左脚	6.7
从一只脚到另一只脚	0.4

（5）触电者身体状况　人的性别、健康状况等均与触电伤害程度有关。女性比男性受触电伤害程度严重约30%，小孩比成人受触电伤害程度也要严重得多，体弱多病的人比健康的人容易受电流伤害。

（6）人体电阻大小　人体电阻越大，受电流伤害越轻，人体内的电阻基本为定值，可按1～2kΩ考虑。

（7）安全电压　安全电压是指人体不戴任何防护设备时，触及带电体不受电击或电伤的电压。国家标准规定了安全电压系列，称为安全电压等级或额定值，这些额定值指的是交流有效值，分别为42V、36V、24V、12V、6V等。

人体接触的电压越高，流过人体的电流就越大，对人体的伤害也就越严重。在触电事例中，70%以上死亡者所接触的对地电压为220V。

3. 触电形式

（1）单相触电　当人站在地面上或其他接地体上，人体的某一部位触及一相带电体时，电流通过人体流入大地（或零线），称为单相触电，如图1-1所示。

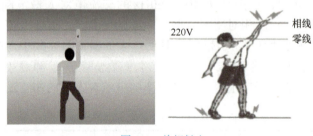

图1-1　单相触电

> **注意：** 要避免单相触电，操作时必须穿上胶鞋或站在干燥的木凳上。

（2）两相触电　当人体同时触及两相（两根相线）导线或带电体时，电流由一相导体通过人体流入另一相导体构成回路造成的触电，称为两相触电，如图1-2所示。

（3）跨步电压触电　带电体着地时，电流流过周围的土壤产生电压降，当人体走近着地点时，两脚之间会形成电位差，由此引起的触电事故称为跨步电压触电。高压故障接地处，或有大电流流过的接地装置附近都可能出现较高的跨步电压。离着地点越近、两脚距离越大，跨步电压值就越大，一般距离着地点 10m 以外就没有危险。跨步电压触电如图 1-3 所示。

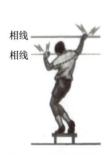

图 1-2　两相触电

图 1-3　跨步电压触电

> **注意**：为救他，立即断开电源（见图 1-2）！

> **注意**：此时应采用单脚跳的方式离开着地点（见图 1-3）！

（4）悬浮电路触电　电通过有初级、次级线圈互相绝缘的变压器后，从次级线圈输出的电压零线不接地，相对于大地处于悬浮状态。若人站在地上接触其中一根带电导线，不会构成电流回路，没有触电感觉。但如果人体一部分接触副边绕组的一根导线，另一部分接触该绕组的另一导线，则会造成触电。

例如电子管收音机、电子管扩音机、部分彩色电视机等，它们的金属地板是悬浮电路的公共接地点，在接触或检修这类机器的电路时，若一只手接触电路高电位，另一只手接触低电位点，就会形成悬浮电路触电。

> **注意**：检修这类机器时，一般要求单手操作。

1.2　触电原因及预防措施

1. 常见触电原因

（1）线路架设不合规格
1) 室内外线路对地距离、导线之间的距离小于允许值；
2) 通信线、广播线与电力线间隔距离过近或同杆架设；
3) 线路绝缘破损；
4) 有的地区为节省电线而采用一线一地制送电等。

（2）电气操作制度不严格、不健全
1) 带电操作，未采取可靠的保安措施；
2) 不熟悉电路和电器的布线情况，盲目修理；

3）救护已触电的人时，救护人员自身不采用安全保护措施；

4）停电检修时，不挂警告牌；

5）检修电路和电器，使用不合格的电工工具；

6）人体与带电体过分接近，又无绝缘或屏护措施；

7）在架空线上操作，未在相线上加临时接地线；

8）无可靠的防高空跌落措施等。

（3）用电设备不合要求

1）用电设备内部绝缘体损坏，金属外壳又未加保护接地措施或保护接地太短，接地电阻太大；

2）开关、闸刀、灯具，携带式电器绝缘外壳破损，失去防护作用；

3）开关、熔断器误装在零线上，一旦断开，就使整个线路带电。

（4）用电不规范

1）违反布线规则，在室内乱拉电线；

2）随意加大熔断器熔丝规格；

3）在电线上或电线附近晾晒衣物；

4）在电线杆上拴牲口；

5）在电线（特别是高压线）附近打鸟、放风筝等；

6）未断开电源，就移动家用电器；

7）打扫卫生时，用水冲洗或湿布擦拭带电电器或线路等。

2. 触电预防措施

（1）直接触电的预防措施

1）绝缘。绝缘是指用绝缘材料把带电体封闭，实现带电体相互之间、带电体与其他物体之间的电气隔离，使电流按指定路径通过，确定电气设备和线路正常工作，防止触电。常用的绝缘用具如下：

①绝缘手套由绝缘性能良好的特种橡胶制成，有高压、低压两种，用于操作高压隔离开关。注意：使用前要进行外观检查，检查有无穿孔、损坏，不能用低压手套操作高压等。

②绝缘靴由绝缘性能良好的特种橡胶制成，用于带电操作高压电气设备或低压电气设备，防止跨步电压触电。注意：使用前要进行外观检查，检查有无穿孔，保持良好绝缘状态。

③绝缘棒用电木、塑料、环氧玻璃布棒等材料制成，用于操作高压隔离开关、跌落式熔断器，安装和拆除临时接地线以及测量和试验等工作。使用时需要注意：一是绝缘棒表面要干燥、清洁；二是操作时要戴绝缘手套，穿绝缘靴站在绝缘垫上；三是绝缘棒规格应符合规定，不能任意使用。

2）屏护。屏护就是用防护装置（遮栏、护盖、箱子等）将带电部位、场所或范围与外部隔离开来，其目的是防止工作人员或其他人员无意进入危险区，并且使人意识到危险而不会有意识去触及带电部位，还可以防止设备之间或线路之间由于绝缘强度不够、间距不足而发生其他事故。

屏护装置有永久性和临时性两种。如配电装置的遮栏、开关的盒盖就属于永久性屏护装置,而检修工作中和临时设备中的屏护则属于临时性屏护装置。

3)安全间距。安全间距是在检修中,为了防止人体及其所携带的工具接近或触及带电体而必须保持的最小距离。安全间距的大小取决于电压的高低、设备的类型以及安装的方式等因素。

(2)间接触电的预防措施

1)加强绝缘,对电气设备或线路采取双重绝缘,使设备或线路绝缘牢固;

2)电气隔离,采用隔离变压器或具有同等隔离作用的发电机;

3)自动断电保护,采用漏电保护、过流保护、过压或欠压保护、短路保护、接零保护等。

(3)安全标志的构成及使用 安全标志由安全颜色、几何图形和图形符号构成,用以表达特定的安全信息。安全标志可提醒人们注意或按标志上注明的要求去执行,是保障人身和设施安全的重要措施,一般设置在光线充足、醒目、稍高于视线的地方。安全颜色标志见表 1-5。

表 1-5 安全颜色标志

颜色	含义
红色	禁止、停止
	红色也表示防火
蓝色	指令必须遵守的规定
黄色	警告
绿色	提示、安全状态、通行

(4)安全制度实施

1)在电气设备的设计、制造、安装、运行、使用和维护以及专用保护装置的配置等环节中,要严格遵守国家制定的标准和法规;

2)加强安全教育,普及安全用电知识;

3)建立健全安全规章制度,如安全操作规程、电气安装规程、运行管理规程、维护检修制度等,并在实际工作中严格执行。

任务实施

触电的现场急救,是抢救触电人员的关键,如处理及时,方法正确,就能使许多因触电而呈"假死"状态的人员获救。

1.3 脱离电源

使触电人员最快脱离电源,是首要因素。隔离电源的具体做法如下:

1)如果开关距离触电地点很近,应迅速关闭开关,切断电源。

2)如果开关距离触电地点很远,可用绝缘手钳或用装有干燥木柄的斧、刀、铁锹等把电线切断。

> **注意**：切断的电线，不可触及人体。

3）当导线搭在触电人员身上或被触电人员压在身下时，可用干燥的木板、竹竿和其他带有绝缘柄的工具，迅速将电线挑开，如图1-4所示。

图1-4　挑开电线

> **注意**：千万不能使用任何金属棒或潮湿的东西去挑开电线，以免施救人员也触电。

4）如果触电人员的衣服是干燥的，而且并不紧缠在身上，施救人员可站在干燥的木板上用一只手拉住触电人员的衣服，把他拉离带电体（高压不适用），如图1-5所示。但施救人员应注意不要触及触电人员的皮肤，也不可接触其脚部（因为触电人员的脚部可能是湿的，或者鞋上有钉子，这些因素都能导电）。

图1-5　拉离带电体

5）当有人在高压线路上触电时，应迅速关闭开关，或通知当地电业管理部门停电。如不能立即切断电源，可用一根较长的金属线，先将其一端绑在金属棒上埋入地下，然后将另一端绑上一块石头，掷到带电导体上，人为造成线路短路停电。抛掷时应特别注意：必须离开触电人员一段距离，以免抛出的金属线落到他人身上；另外，抛掷者抛出线以后，要迅速躲离，以防碰到带电导线。

6）如果人在较高的地点触电，须采取保护措施，防止切断电源后，触电人员从高处摔下来。

1.4　口对口人工呼吸法

如果触电人员的情况并不严重，神志还清醒，只是有些心慌、全身无力；或虽一度昏迷，但未失去知觉，都要使之安静休息，不要走路，并进行严密观察。

如果触电人员的情况较严重，如无知觉、无呼吸，但心脏有跳动，应采用口对口人工呼吸法；如虽有呼吸，但心脏停止跳动，则应采用人工胸外心脏按压法。

口对口人工呼吸的目的，是用人为的方法来代替肺的呼吸活动，使气体有节律地进入和排出肺部，供给体内足够的氧气，充分排出二氧化碳，维持正常的通气功能。

人工呼吸的方法有很多种，目前认为口对口人工呼吸法效果最好。口对口人工呼吸法的操作方法如下：

1）清除口中异物，使触电人员仰卧，然后将其头偏向一侧，用手指清除口中的假牙、血块、呕吐物等，使口腔中无异物。

2）保持气道通畅，施救人员在触电人员的一边，以近其头部的一手紧捏触电人员的鼻子，并将手掌外缘压住其额头部，另一只手托在触电人员的颈下，将颈部上抬或使用抬颌压头法，使其头部充分后仰 $70°\sim 90°$，以解除舌头下坠所致的呼吸道梗阻，如图1-6所示。

图1-6　打开气道

3）口对口人工呼吸，施救人员先深吸一口气，用一只手捏紧触电人员的鼻孔，然后用嘴紧贴触电人员的嘴大口吹气，同时观察触电人员的胸部是否隆起，以确定吹气是否有效和适度。按国际标准规定，吹气量为 $500\sim 600\mathrm{mL}$（吹气量与病人的身体体积成正比），如图1-7所示。

4）自然排气，吹气停止后，施救人员头稍偏转，并立即放松捏紧触电人员鼻孔的手，让气体从触电人员的肺部自然排出。此时应注意触电人员胸部复原的情况，倾听呼气的声音，观察有无呼吸道梗阻。

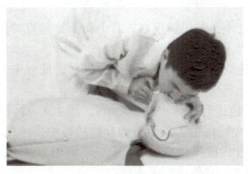

图1-7　口对口人工呼吸

如此反复进行数次，每分钟吹气 10～12 次，即每 5～6s 吹一次（吹气持续时间为 1s）。

口对口吹气时应注意以下事项：

1）口对口吹气的压力要掌握好，刚开始时可略大一点，频率稍快一些，经 10～20 次后逐步减小压力，维持胸部轻度升起即可；

2）对幼儿吹气时，不能捏紧鼻孔，应让其自然漏气，这样做是为了防止压力过大，损伤幼儿的肺部；

3）吹气时间宜短，约占一次呼吸周期的 1/3，但也不能过短，否则影响通气效果；

4）如遇牙关紧闭者，可采用口对鼻人工呼吸法，方法与口对口基本相同。此时可将触电人员嘴唇紧闭，施救人员对准触电者的鼻孔吹气，吹气时压力应稍大一些，时间也应稍长，以利于气体进入肺内。

口诀：张口捏鼻手抬颌，深吸缓吹口对紧；
　　　张口困难吹鼻孔，5s 一次坚持吹。

1.5　人工胸外挤压心脏法

若触电人员的情况相当严重，心脏和呼吸都已停止，人完全失去知觉，则需同时采用口对口人工呼吸和人工胸外挤压心脏两种方法。如果现场仅有一个人可实施抢救，则可交替使用这两种方法，即先胸外挤压心脏 4～6 次，然后口对口呼吸 2～3 次，再挤压心脏，反复循环进行操作。人工胸外挤压法的具体操作步骤如下：

1）解开触电人员的衣服，清除口腔内异物，使其胸部能自由扩张；

2）使触电人员仰卧，姿势与口对口吹气法相同，但背部着地处的地面必须牢固；

3）施救人员位于触电人员一边，最好是跨跪在触电人员的腰部，将一只手的掌根放在心窝稍高一点的地方（掌根放在胸骨的下 1/3 部位），中指指尖对准锁骨间凹陷处边缘，另一只手压在那只手上，呈两手交叠状（对儿童可用一只手），如图 1-8 所示；

图 1-8　人工胸外挤压心脏法

4）施救人员找到触电人员的正确压点，自上而下，垂直均衡地用力挤压，压出心脏里面的血液，注意用力适当；

5）挤压后，掌根迅速放松，但手掌不要离开胸部，使触电人员胸部自动复原，心脏扩张，血液又回到心脏。

按以上步骤连续不断地进行操作，60 次 /min，即 1 次 /s。挤压时定位须准确，压力要适当，不可用力过大以免将触电人员咽下的食物从胃中挤压出，堵塞气管，影响呼吸，或造成肋骨折断、气血胸和内脏损伤等危险；但也不可用力过小，以免达不到挤压作用。

口诀：掌根下压不冲击，突然放松手不离；
　　　手腕略弯压一寸，一秒一次较适宜。

任务考评

任务单

姓名		班级		成绩		工位	
任务要求		1）脱离电源方法 2）口对口人工呼吸法 3）人工胸外挤压心脏法 4）遇到问题时小组进行讨论，可让教师参与讨论，通过团队合作解决问题					
任务完成结果（故障分析、存在问题等）						注意事项	
任务步骤：							
结论与分析：							
心得总结：							
评阅教师：				评阅日期：			

（续）

考核细则						
根据职业资格标准、学习过程、实际操作情况、学习态度等多方面进行考核，可分为自我评价、组内互评、教师评价。得分说明：自我评价占总分的30%，组内互评占总分的30%，教师评价占总分的40%						
基本素养（20分）						
序号	考核内容	分值	自我评价	组内互评	教师评价	小计
1	签到情况、遵守纪律情况（无迟到、早退、旷课）、团队合作	6				
2	无违反安全文明操作规程（关教室灯等）	7				
3	按照要求认真打扫卫生（检查不合格记0分）	7				
理论知识（30分）						
序号	考核内容	分值	自我评价	组内互评	教师评价	小计
1	触电种类	6				
2	电流伤害人体因素	8				
3	触电形式	8				
4	触电原因及预防措施	8				
技能操作（50分）						
序号	考核内容	分值	自我评价	组内互评	教师评价	小计
1	脱离电源方法	10				
2	口对口人工呼吸法	20				
3	人工胸外挤压心脏法	20				
总分		100				

课后习题

1）触电的种类有哪些？

2）电流伤害人体的因素有哪些？

3）触电形式有哪些？

4）分析常见触电原因以及预防的措施。

5）说出口对口人工呼吸法、人工胸外挤压心脏法的步骤。

项目 2　常用电工工具及仪器仪表的使用

任务 2.1　常用电工工具使用

知识目标

1）了解电工工具的使用注意事项；
2）熟悉常用电工工具的种类和作用；
3）熟悉电工工具的使用方法。

能力目标

1）能正确地使用电工工具；
2）培养学生逻辑思维和使用知识解决实际问题的能力；
3）培养学生线上使用职教云等在线课程平台的能力。

素养目标

1）培养学生自觉遵守安全及技能操作规程，养成认真负责、精细操作的工作习惯；
2）以"立德树人"为目标，教学过程全面贯彻社会主义核心价值观。

实施流程

实施流程的具体内容见表 2-1。

表 2-1　实施流程的具体内容

序号	工作内容	教师活动	学生活动	学时
1	布置任务	1）通过职教云、在线课程平台公告、微信下发预习通知 2）通过在线论坛收集、分析学生疑问 3）通过职教云设置考勤	1）接受任务，明确任务 2）在线学习资料、参考教材和课件完成课前预习 3）反馈疑问 4）完成职教云签到	4学时

(续)

序号	工作内容	教师活动	学生活动	学时
2	知识准备	1）常用电工工具的种类和作用 2）电工工具的使用注意事项 3）电工工具的使用	1）学习常用电工工具的种类和作用 2）熟悉电工工具的使用注意事项 3）学习电工工具的使用	
3	任务实施	1）教师下发任务单 2）督导学生完成	1）按照任务要求与教师的演示过程，学生分组完成任务单 2）师生互动，讨论任务实施过程中出现的问题 3）完成任务书	4学时
4	任务考评	1）按具体评分细则对学生进行评价 2）采用过程性考核方式，通过学生学习全过程的表现，教师给出综合评定分数	按具体评分细则进行自我评价、组内互评	

任务描述

在完成电工作业的时候，离不开电工工具，常用的电工工具主要有钢丝钳、尖嘴钳、圆嘴钳、螺钉旋具、电工刀、活扳手、验电器以及断线钳、紧线钳等，完成本任务首先要懂得电工工具的工作原理，才能正确使用电工工具。

知识准备

2.1.1 验电器

1. 低压验电器

低压验电器又称测电笔，是用来检测导线、电器和电气设备的金属外壳是否带电的一种电工工具，能区分相线（火线）和零线，判断电压的高低。根据外形来分，低压验电器有钢笔式和螺钉旋具式两种，结构如图 2-1 所示。

a) 钢笔式　　　　　　　　　　　b) 螺钉旋具式

图 2-1　低压验电器的结构

低压验电器的使用方法：中指和拇指持低压验电器笔身，食指接触笔尾金属体。当带电体与接地之间电位差大于 60V 时，氖管产生辉光，证明有电。低压验电器的正确使用方法如图 2-2 所示。

图 2-2　低压验电器的正确使用方法

> **注意**：手接触低压验电器部位一定是金属笔身或者笔挂，绝对不能接触其笔尖金属体，以免发生触电。

2. 高压验电器

高压验电器主要用来检验设备对地电压在 1000V 以上的高压电气设备。目前广泛采用的有发光型、声光型、风车式三种类型。高压验电器如图 2-3 所示。

在使用高压验电器进行验电时，首先必须认真执行操作监护制，即一人操作，一人监护。操作人员在前，监护人员在后。使用高压验电器时，必须注意其额定电压要和被测电气设备的电压等级相适应，否则可能会危及操作人员的人身安全或造成错误判断。验电时，操作人员一定要配戴绝缘手套，穿绝缘靴，防止跨步电压或接触电压对人体的伤害。检验时，应渐渐地靠近带电设备至发光或发声止，以验证验电器的完好性，然后再在需要进行验电的设备上检测。在对同杆架设的多层线路验电时，应先验低压，后验高压，先验下层，后验上层。

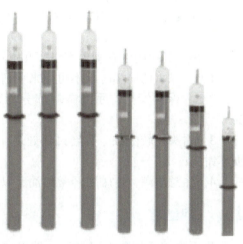

图 2-3　高压验电器

2.1.2　剥线钳

剥线钳是用来剥落小直径导线绝缘层的专用工具，如图 2-4 所示。它的钳口部分设有几个刃口，用以剥落不同直径的导线绝缘层，适用于塑料绝缘层、橡胶绝缘电线、电缆芯线的剥皮，其柄部是绝缘的，耐压值为 500V。为了不伤及导线断片周围的人和物，请确认断片飞溅方向再进行切断。

剥线钳的性能标准有以下几点：
1）钳头能在弹簧的作用下灵活地开合；
2）刃口在闭合状态下，其间隙不大于 0.3mm；
3）剥线钳钳口硬度不低于 HRA56 或不低于 HRC30；
4）剥线钳能顺利剥离线芯直径为 0.5～2.5mm 导线外部的塑料或橡胶绝缘层。

图 2-4　剥线钳

2.1.3　尖嘴钳

尖嘴钳头部很尖，适用于狭小的空间操作，如图 2-5 所示。其钳柄有铁柄和绝缘柄两种，绝缘柄主要用于切断和弯曲细小的导线、金属丝夹持小螺钉、垫圈及导线等元件，还能将导线端头弯曲成所需的各种形状。

使用尖嘴钳的注意事项有以下几点：

1）绝缘手柄损坏时，不可用来剪切带电电线；

2）为保证安全，手离金属部分的距离应不小于 2cm；

3）钳头比较尖细，且经过热处理，所以钳夹物体不可过大，用力时不要过猛，以防损坏钳头；

4）注意防潮，钳轴要经常加油，以防止生锈。

图 2-5　尖嘴钳

2.1.4　钢丝钳

用手夹持或切断金属导线，带刃口的钢丝钳还可以用来切断钢丝。钢丝钳的规格有 150mm、175mm、200mm 三种，均带有橡胶绝缘套管，可适用于电压为 500V 以下的带电作业。如图 2-6 所示。

使用前，检查钢丝钳绝缘是否良好，以免因为带电作业造成触电事故。在带电剪切导线时，不得用刃口同时剪切不同电位的两根线，以免发生短路事故。使用时，应注意保护绝缘套管，以免划伤失去绝缘作用。不可将钢丝钳当锤使用，以免刃口错位、转动轴失圆，影响正常使用。

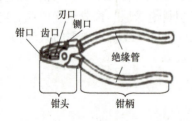  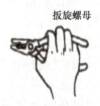

图 2-6　钢丝钳的结构及使用方式

2.1.5 断线钳

断线钳的头部"扁斜",因此又叫斜口钳、扁嘴钳或剪线钳,是专供剪断较粗的金属丝、线材及导线、电缆等用的。它的柄部有铁柄、管柄、绝缘柄之分,绝缘柄耐压值为1000V。如图2-7所示。

图2-7 断线钳

2.1.6 扳手

1. 活动扳手

活动扳手可简称活扳手,是用于紧固和松动螺母的一种专用工具,主要由活扳唇、呆扳唇、扳口、蜗轮、轴销等构成,其规格以长度(mm)×最大开口宽度(mm)表示,常用的有150mm×19mm(6in)、200mm×24mm(8in)、250mm×30mm(10in)、300mm×36mm(12in)等几种。如图2-8所示。

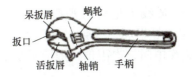 

图2-8 活动扳手的结构及使用方式

2. 固定扳手

固定扳手简称呆扳手,其扳口为固定口径,不能调整,但使用时不易打滑。如图2-9所示。

2.1.7 电工刀

电工刀适用于电工在装配维修工作中割削导线绝缘外皮,以及割削木桩和割断绳索等,如图2-10所示。注意,电工刀不得用于带电作业,以免触电;应将刀口朝外剖削,并注意避免伤及手指;剖削导线绝缘层时,应使刀面与导线成较小的锐角,以免割伤导线。使用完毕,随即将刀身折进刀柄。

图2-9 固定扳手

图2-10 电工刀

2.1.8 手电钻

手电钻的作用是在工件上钻孔,手电钻主要由电动机、钻夹头、钻头、手柄等组成,分为手提式和手枪式两种。如图2-11所示。

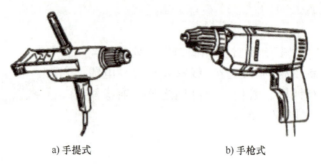

a) 手提式　　　　　　　b) 手枪式

图 2-11　手电钻

手电钻的使用应注意以下事项：

1）电源线长度一般不宜超过 5m，中间不应有接头。当长度不够时可使用插座板，且插座板的引线也不能有接头。临时使用时，当电源的电缆线不够长时，可以用胶质线、塑料电线连接，但接线头必须包缠好绝缘胶带，使用时切勿受水浸及乱拖乱踏，也不能触及热源和腐蚀性介质。使用完毕必须及时拆除连接导线。

2）电源线必须使用橡皮电缆，不可使用胶质线（花线）、塑料电线。因为这类电线不耐热、不耐湿，抗拉抗磨强度差，在使用中很容易损坏绝缘层，不安全。

3）存放时间较长的电钻使用前应测试绝缘电阻，电阻值一般应不小于 0.5MΩ，最低不小于 0.25MΩ。

4）手电钻使用的线路电压不得超过所规定的额定电压的 ±10%。

5）作业前要确认手电钻开关处于关闭状态，防止插头插入电源插座时手电钻突然转动。

6）使用前要认真检查电源线和插头是否完好。

2.1.9　冲击电钻

冲击电钻简称冲击钻，其作用是在砌块和砖墙上冲打孔眼，其外形与手电钻相似，如图 2-12 所示。钻上有锤、钻调节开关，可分别当普通电钻和电锤使用。

图 2-12　冲击电钻

2.1.10　登高用具

1. 安全帽

安全帽是用来保护施工人员头部的，必须由专门工厂生产。如图 2-13 所示，安全帽由帽壳、帽箍、下颏带、缓冲垫、顶带组成。帽壳可承受打击、使坠落物与人体分隔开；帽箍可使安全帽保持在一个确定的位置；下颏带要辅助保持安全帽的状态和位置；缓冲垫则可以减少冲击力；顶带则负责分散冲击力。

按颜色可将安全帽分成白、红、蓝、黄四种。白色安全帽一般由项目监理或甲方人员使用，红色安全帽一般由技术人员、管理人员或甲方人员使用，蓝色安全帽一般由技术人员使用，黄色安全帽最为普遍，施工作业现场的普通工人均使用黄色安全帽。

2. 安全带

安全带是腰带、保险绳和腰绳的总称，用来防止发生空中坠落事故。在距坠落高度基准面 2m 及 2m 以上，有发生坠落危险的场所作业，对个人进行坠落防护时，应使用坠落悬挂安全带或区域限制安全带。如图 2-14 所示。

腰带用来系挂保险绳、腰绳和吊物绳，系在腰部以下、臀部以上的部位。

安全带使用注意事项有以下几点：

1）安全带应由专人负责管理；

2）安全带仅用于个人防护，不得用于固定、绑扎货物等其他用途；

3）安全带应存放在干燥、通风的场所，不可接触高温、明火、强酸或强碱和尖锐的坚硬物体，也不可长期曝晒，使用后如发现安全带接触到腐蚀物，应清洗、检查后再储存；

4）每一次使用之前必须检查安全带的各个部件以确保安全；

5）使用之后拆卸各个部件，清洁擦拭被灰尘、油等污染的地方。

图 2-13 安全帽

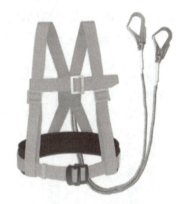

图 2-14 安全带

3. 踏板

踏板又叫登高板，用于攀登电杆，由板、绳、钩组成，如图 2-15 所示。脚板由坚硬的木板制成，绳索直径为 16mm 的多股白棕绳（麻绳）或尼龙绳，绳两端系结在踏板两头的扎结槽内，绳顶端系结铁挂钩，绳的长度应与使用者的身材相适应，一般在 1.8m 左右。踏板和绳均应能承受 300kg 的重量。

4. 脚扣

脚扣也是攀登电杆的工具，主要由弧形扣环、脚套组成，分为木杆脚扣和水泥杆脚扣两种，如图 2-16 所示。脚扣是登水泥杆作业用的登高安全工具，适用于电力系统，也适用于邮电、通信和广播电视系统等行业。脚扣具有调节灵活、操作轻巧、安全可靠、质量稳定等特点。

图 2-15　踏板

图 2-16　脚扣

5. 梯子

梯子是最常用的登高工具之一，有单梯、人字梯（合页梯）、升降梯等几种，可用毛竹、硬质木材、铝合金等材料制成。如图 2-17 所示。

使用梯子应注意以下几点：

1）使用前要检查有无虫蛀、折裂等问题；

2）使用单梯时，梯根与墙的距离应为梯长的 1/4～1/2，以防滑落和翻倒；

3）使用人字梯时，人字梯的两腿应加装拉绳，以限制张开的角度，防止滑塌；

4）采取有效措施，防止梯子滑落。

图 2-17　梯子

2.1.11　常用旋具

常用的旋具是螺钉旋具（又称螺丝刀、改锥），它用来紧固或拆卸螺钉，按头部形状不同一般分为一字形和十字形两种，如图 2-18 所示。

一字形螺钉旋具：其规格用柄部以外的长度表示，常用的有 100mm、150mm、

200mm、300mm、400mm 等。

十字形螺钉旋具：有时称梅花改锥，一般分为四种型号，其中Ⅰ号适用于直径为 2～2.5mm 的螺钉；Ⅱ号、Ⅲ号、Ⅳ号分别适用于直径为 3～5mm、6～8mm、10～12mm 的螺钉。

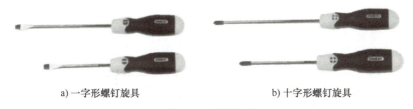

a) 一字形螺钉旋具　　　　b) 十字形螺钉旋具

图 2-18　螺钉旋具

任务实施

2.1.12　塑料硬导线线头绝缘层的剖削

芯线截面 4mm² 及以下的塑料绝缘线，其绝缘层用钢丝钳剥离。

用左手捏住电线，根据线头所需长短用斜口钳切割部分绝缘层，但不可切入芯线，将电线转动 180°，再用斜口钳切割另一部分绝缘层，同样不可切入芯线。然后用右手握住斜口钳头部用力向外勒去塑料绝缘层。剖削好的芯线应保持完整无损，如损伤较大，应重新剖削。

对于芯线截面大于 4mm² 的塑料硬线，可用电工刀来剖削绝缘层。

方法和步骤为：根据所需线头长度用电工刀以约 45° 倾斜切入塑料绝缘层，注意用力适度，避免损伤芯线。然后使刀面与芯线保持 25° 左右，用力向线端推削，在此过程中应避免电工刀切入芯线，只削去上面一层塑料绝缘层。最后将塑料绝缘层向后翻起，用电工刀齐根切去。

2.1.13　塑料软线绝缘层的剖削

塑料软线绝缘层只能用剥线钳或钢丝钳和斜口钳剖削绝缘层，不能用电工刀剖削，剖削方法与截面积为 4mm² 及以下的塑料硬线相同。

塑料护套线绝缘层的剖削必须用电工刀来完成，剖削方法和步骤如下：

1）按所需长度用电工刀刀尖沿芯线中间缝隙划开护套层；

2）向后翻起护套层，用电工刀齐根切去；

3）在距离护套层 5～10mm 处，用电工刀以 45° 倾斜切入绝缘层。

橡皮线绝缘层的剖削方法和步骤如下：

1）橡皮线绝缘层外面有一层柔韧的纤维编织保护层，先用剖削护套线护套层的办法，用电工刀尖划开纤维纺织层，并将其扳翻后齐根切去；

2）再用剖削塑料硬线绝缘层的方法，除去橡皮绝缘层。如橡皮绝缘层内的芯线上包裹着棉纱，可将该棉纱层松开，齐根切去。

花线绝缘层的剖削方法和步骤如下：

1）根据所需剖削长度，用电工刀在导线外保护层割切一圈，并将其剥离；

2）距织物保护层 10mm 处，用钢丝钳刀口切割橡皮绝缘层；

3）将露出的棉纱层松散开，用电工刀割断。

任务考评

任务单

姓名		班级		成绩		工位	
任务要求	1）常用电工工具的种类和作用 2）电工工具的使用注意事项 3）常用电工工具的使用 4）绝缘层的剖削 5）遇到问题时小组进行讨论，可让老师参与讨论，通过团队合作解决问题							
任务完成结果（故障分析、存在问题等）							注意事项
任务步骤： 结论与分析： 心得总结：							
评阅教师：				评阅日期：			

(续)

考核细则

根据职业资格标准、学习过程、实际操作情况、学习态度等多方面进行考核,可分为自我评价、组内互评、教师评价。
得分说明:自我评价占总分的30%,组内互评占总分的30%,教师评价占总分的40%

基本素养(20分)

序号	考核内容	分值	自我评价	组内互评	教师评价	小计
1	签到情况、遵守纪律情况(无迟到、早退、旷课)、团队合作	6				
2	安全文明操作规程(关教室灯等)	7				
3	按照要求认真打扫卫生(检查不合格记0分)	7				

理论知识(30分)

序号	考核内容	分值	自我评价	组内互评	教师评价	小计
1	验电器原理、注意事项	6				
2	剥线钳原理、注意事项	8				
3	电工刀原理、使用注意事项	8				
4	登高用具原理、使用注意事项	8				

技能操作(50分)

序号	考核内容	分值	自我评价	组内互评	教师评价	小计
1	验电器、剥线钳的使用	10				
2	电工刀、扳手的使用	10				
3	登高用具、常用旋具的使用	10				
4	绝缘层的剖削	20				
总分		100				

◆ 课 后 习 题 ◆

1)简述验电器的使用方法。
2)简述登高用具的分类。
3)安全帽、安全带是什么?
4)尖嘴钳的使用有哪些注意事项?

任务2.2　常用仪器仪表使用

知识目标

1)了解万用表、钳形电流表、兆欧表的组成;
2)熟悉万用表、钳形电流表、兆欧表的使用方法。

能力目标

1）能正确使用万用表、钳形电流表、兆欧表；
2）培养逻辑思维和利用知识解决实际问题的能力；
3）培养学生线上使用职教云等在线课程平台的能力。

素养目标

1）通过小组探究、互助合作等方式培养学生的诚信、合作意识；
2）培养学生爱岗敬业、乐于奉献的精神。

实施流程

实施流程的具体内容见表2-2。

表2-2 实施流程的具体内容

序号	工作内容	教师活动	学生活动	学时
1	布置任务	1）通过职教云、在线课程平台公告、微信下发预习通知 2）通过在线论坛收集、分析学生疑问 3）通过职教云设置考勤	1）接受任务，明确任务 2）在线学习资料，参考教材和课件，完成课前预习 3）反馈疑问 4）完成职教云签到	4学时
2	知识准备	1）提供万用表、钳形电流表、兆欧表相关视频 2）万用表、钳形电流表、兆欧表理论知识	学习万用表、钳形电流表、兆欧表相关知识	
3	任务实施	1）教师下发任务单 2）督导学生完成	1）按照任务要求与教师演示过程，学生分组完成任务单 2）师生互动，讨论任务实施过程中出现的问题 3）完成任务书	
4	任务考评	1）按具体评分细则对学生进行评价 2）采用过程性考核方式，通过学生学习全过程的表现，教师给定综合评定分数	按具体评分细则进行自我评价、组内互评	

任务描述

在完成电工作业的时候，经常使用仪器仪表。常用的仪器仪表主要有万用表、钳形电流表、兆欧表等，完成本任务首先要懂得仪器仪表的工作原理，才能正确进行仪器仪表的测量。

知识准备

2.2.1 模拟式万用表

模拟式万用表是通过机械指针在表盘上所指数值的大小来指示被测电学参量的数值，因此也称其为机械指针式万用表。由于它所费成本较低、使用方便、量程多、功能全等优点深受使用者的欢迎。

1. 模拟式万用表组成

本节主要介绍 MF-47 型普通模拟式万用表，如图 2-19 所示。其主要由表头（指示部分）、测量电路、转换装置三部分组成。模拟式万用表的面板上有带有多条标度尺的刻度盘、转换开关旋钮、调零旋钮和接线插孔等。

模拟式万用表的表头一般都采用灵敏度高、准确度好的磁电式直流微安表。表头的基本参数包括表头内阻、表头灵敏度和表头直线性，这是表头的三项重要技术指标。其中，表头内阻是指动圈所绕漆包线的直流电阻，严格讲还应包括上下两盘游丝的直流电阻，内阻高的模拟式万用表性能好。表头灵敏度是指表头指针达到满 s 刻度偏转时的电流值，这个电流值越小，说明表头灵敏度越高，这样的表头特性就越好。通电测试前，表针必须准确地指向零位。通常表头灵敏度只有几 μA 到几百 μA。表头直线性则是指表针偏转幅度与通过表头电流强度幅度是一致的。

图 2-19 MF-47 型普通模拟式万用表

测量电路是模拟式万用表的重要组成部分，正因为有了测量电路，模拟式万用表成了多量程电流表、电压表、欧姆表的组合体。模拟式万用表测量电路主要由电阻、电容、转换开关和表头等部件组成。在测量交流电学量的电路中，使用了整流器件，将交流电变换成为直流电，从而实现对交流电学量的测量。

转换装置是用来选择测量项目和量限的，主要由转换开关、接线柱、旋钮、插孔等组成。转换开关是由固定触点和活动触点两大部分组成，通常将活动触点称为"刀"，固定触点称为"掷"。模拟式万用表的转换开关是多刀多掷的，而且各刀之间是联动的。转换开关的具体结构因模拟式万用表的不同型号而有差异。当转换开关转到某一位置时，可动触点就和某个固定触点闭合，从而接通相应的测量电路。

2. 刻度盘与档位盘

刻度盘与档位盘印制成红、绿、黑三色。表盘颜色分别按交流红色、晶体管绿色，其余黑色对应制成，使用时读数便捷。刻度盘共有六条刻度，第一条专供测电阻；第二条供测交直流电压、直流电流；第三条供测晶体管放大倍数；第四条供测量电容；第五条供测电感；第六条供测音频电平。刻度盘上装有反光镜，以消除视差。除交/直流电压2500V 和直流电流 5A 分别有单独插座之外，其余各档只需转动一个选择开关即可，使用方便。

3. 主要技术指标

（1）量程　测量值的有效范围称量程，见表 2-3。

表 2-3　量程

测量档位	量程	测量档位	量程
直流电流	0～500mA（分5档）	音频电平	-10dB～+22dB
	0～5A		0dB=1mW/600Ω
直流电压	0～1000V（分7档）	HFE	0～300
	0～2500V		
交流电压	0～1000V（分5档）	电感	20～1000H
	0～2500V		
直流电阻	0～∞Ω（分5档）	电容	0.001～0.3μF

（2）灵敏度

1）直流电压：0～2500V　20kΩ/V；

2）交流电压：0～2500V　4kΩ/V。

（3）工作条件

1）相对湿度：<85%；

2）工作频率：45～5000Hz。

2.2.2　数字式万用表

数字式万用表是采用集成电路 A/D 转换器和液晶显示器，将被测量的数值直接以数字形式显示出来的一种电子测量仪表。

数字式万用表的主要特点包括以下几点：

1）数字显示，直观准确，无视觉误差，并具有极性自动显示功能；

2）测量精度和分辨率都很高；

3）输入阻抗高，对被测电路影响小；

4）电路的集成度高，便于组装和维修，使数字式万用表的使用更为可靠和耐久，测试功能齐全；

5）保护功能齐全，有过压、过流保护，有过载保护和超输入显示功能；

6）功耗低，抗干扰能力强，在磁场环境下能正常工作；

7）便于携带，使用方便。

数字式万用表是在直流数字电压表的基础上扩展而成的。为了能测量交流电压、电流、电阻、电容、二极管正向压降、晶体管放大系数等，必须增加相应的转换器，将被测量转换成直流电压信号，再由 A/D 转换器转换成数字量，并以数字形式显示出来。数字式万用表的基本结构如图 2-20 所示。它由功能转换器、A/D 转换器、LCD/LED 显示器、电源和功能/量程转换开关等构成。

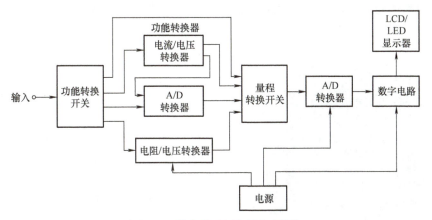

图 2-20　数字式万用表的基本结构

2.2.3 钳形电流表

钳形电流表是电工仪表中用于测量较大交流电流的一种仪表，由卡口、扳手、机械调零钮、电流表、把手等几部分组成，如图 2-21 所示。通常在使用电流表测量电路中的电流时，需先断开被测电路，再把电流表串入电路中，才能对电流进行测量。而钳形电流表可在不需切断被测电路的情况下，就可对电流进行测量，因而在实际测量工作中使用非常灵活方便，但测量精度比较低。

使用时，握紧钳形电流表的把手，铁心张开，将通有被测电流的导线放入钳口中。松开把手后铁心闭合，被测载流导线相当于电流互感器的一次绕组，绕在钳形表铁心上的线圈相当于电流互感器的二次绕组。于是二次绕组便感应出电流，通过整流式电流表中，指针偏转，指示出被测电流值。

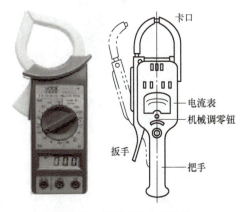

图 2-21　钳形电流表的结构

使用前，一定要查看所选电流表的使用说明书，搞清电流表的测量范围。

穿过钳形铁心的导线，一定是被测电路的单根导线。如果让两根电流流向相反的导线同时穿过铁心，两根导线产生的磁场相互抵消，通过电流表的感应电流变为零，将无法进行测量。

测量中，如需转换量程，只需张开铁心就可进行，而不必切断被测电路的电源。

如果被测电流较小，可以把被测导线多绕几圈后套入铁心再进行测量，可以取得较准确的读数，但读数时要注意，被测电流值实为电流表读数除以铁心导线的圈数。

2.2.4 兆欧表

兆欧表通常用于检查电机、电器及线路的绝缘情况和测量高值电阻，如图 2-22 所示。

1. 结构与工作原理

两个线圈固定在同一轴上且相互垂直。一个线圈与电阻 R 串联，另一个线圈与被测电阻 R_x 串联，两者并联接于直流电源，如图 2-23 所示。

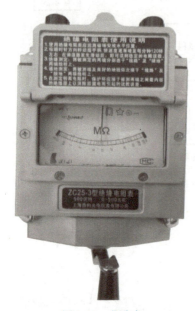

图 2-22　兆欧表

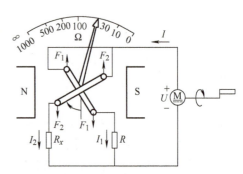

图 2-23　兆欧表构造示意图

在测量时，通过线圈的电流为：

$$I_1 = \frac{U}{R_1 + R} \qquad (2\text{-}1)$$

$$I_2 = \frac{U}{R_2 + R_x} \qquad (2\text{-}2)$$

式（2-1）、式（2-2）中，R_1 和 R_2 为线圈电阻。

仪表的可动部分在转矩的作用下发生偏转，直到两个线圈产生的转矩平衡。

2. 兆欧表的使用

测量前先用兆欧表进行一次开路和短路试验，检查兆欧表是否正常。具体操作为：将两个连接线开路，摇动手柄，指针应指向无穷大处，再把两连接线短接，指针应指向零位。

测量时被测设备必须与其他电源断开，测量完毕一定要将被测设备充分放电（需 2～3min），以保护设备及人身安全。

兆欧表与被测设备之间应使用单股线分开单独连接，并保持线路表面清洁干燥，避免因线与线之间绝缘不良引起误差。

摇测时，将兆欧表置于水平位置，摇把转动时其端钮间不许短路。摇测电容器、电缆时，必须在摇把转动的情况下才能将接线拆开，否则会引起反充电，损坏兆欧表。

为了防止被测设备表面泄漏电流,使用兆欧表时,应将被测设备的中间层(如电缆壳芯之间的内层绝缘物)接于保护环。

摇动手柄时,应由慢到快,均匀加速到120r/min,并注意防止触电。摇动过程中,当出现指针已指零时,就不能再继续摇动,以防表内线圈发热损坏。

禁止在雷电天气或在邻近有带高压导体的设备处使用兆欧表测量。

应视被测设备电压等级的不同选用合适的欧姆表。一般额定电压值在500V以下的设备,选用电压为500V或1000V的兆欧表;额定电压值在500V及以上的设备,选用电压范围为1000～2500V的兆欧表。量程范围的选用一般应注意不要使其测量范围过多的超过所测设备的绝缘电阻值,以免使读数产生较大的误差。

任务实施

2.2.5 模拟式万用表的使用

(1)测量前准备 在使用前应检查模拟式万用表的指针是否指在机械零位上,如不指在机械零位上,可调节表头轴心附近的机械调零装置,使指针指示在零位上。

将两根测试表笔分别插到相应插孔中:黑表笔插入标有"COM"的公共插孔内,红表笔一般插入标有"+"的插孔内。

(2)测量直流电流 根据所测直流电流的范围,将量程开关拨至相应的电流档上,测量时红表笔接触电路正端,黑表笔接触电路负端。模拟式万用表串联在被测电路中。使用"5A"档时,红表笔插入标有"5A"的插孔,量程开关置于500mA档。

> **注意**:测电流时,模拟式万用表必须串联在被测电路中,测量时必须先断开电路串入万用表;红表笔接电路断开的高电位端,黑表笔接低电位端;在测量过程中不能拨动转换开关选择量程,避免拨到过小量程而撞弯指针。

(3)测量直流电压 根据所测直流电压值的范围,将量程开关转到相应的直流电压档上,红表笔接触电路正端,黑表笔接触电路负端。模拟式万用表并联在被测电路两端。使用直流"2500V"时,量程开关拨至"1000V"档位,红表笔改插入标有"2500V"的插孔,测量值也由第二条刻度线读出。

> **注意**:测量前必须注意表笔的正负极,将红表笔接在被测电路的高电位端,黑表笔接在低电位端,若表笔接反,表头指针会反方向偏转,容易撞弯指针。若不知道被测电路的高低电位,可将一支表笔接被测电路一端,另一支表笔试触另一端,若表头指针正方向转,则说明接法正确,反之说明接法不正确。要正确选择量程档位,若误选交流电压档,读数要么偏高要么为零,若误选了电流档或电阻档,会造成指针被击弯或表头烧坏。

(4)测量交流电压 方法与直流电压测量方法相同。

注意：测量前，必须先将开关调到最大量程；测量时，将模拟式万用表并联在被测电路或被测元器件的两端；在测量中不能拨动开关选择量程，这样会导致电弧烧坏转换开关触点；表盘上交流电压标度尺是按正弦交流电的有效值设置的，若被测电量不是正弦量，则误差很大。

（5）测量电阻　将量程开关拨至电阻档合适的量程位置，然后进行"欧姆调零"。具体做法是将两表笔短接，指针自左向右偏转。此时调整"Ω"调零电位器，使指针对准欧姆刻度线的零位（对表头来说是满刻度偏转）。完成调零后，分开两表笔，将其分别接在被测电阻两端。表头指针在第一条"Ω"刻度线上的指示值，乘以该电阻档的倍率，即为被测电阻值。

注意：严禁在被测电路带电的情况下测量电阻；测量电阻时直接将表笔跨接在被测电阻或电路的两端；测量前或每次更换倍率档时，都将重新"调零"；测量电阻时应选择适当的倍率档，使指针尽可能接近标度尺的几何中心；测量中不允许用手同时触及被测电阻两端，以免与人体电阻并联，使读数减小；在测量热敏电阻时，应注意由于电流的热效应，可能会改变热敏电阻的阻值。

2.2.6　数字式万用表的使用

（1）测量直流电压　将黑色表笔插入"COM"插孔，红色表笔插入"VΩ"插孔。

将功能开关置于 DCV 量程范围，并将表笔并接在被测负载或信号源上，在显示电压读数时，同时会指示出红表笔的极性。

注意：在测量之前不知被测电压的范围时应将功能开关置于高量程档后逐步调低；仅在最高位显示"1"时，说明已超过量程，应调高一档；不要测量高于 1000V 的电压，虽然有可能读取读数，但可能会损坏内部电路；特别注意在测量高压时，避免人体接触到高压电路。

（2）测量交流电压　将黑表笔插入标有"COM"的公共插孔内，红表笔插入标有"VΩ"的插孔内。

将功能开关置于 ACV 量程范围，并将测试笔并接在被测量负载或信号源上。

注意：不要测量高于 750V 有效值的电压，虽然有可能读取读数，但可能会损坏数字式万用表内部电路。

（3）测量直流电流　将黑表笔插入标有"COM"的公共插孔内。当被测电流在 2A 以下时，红表笔插入标有"A"的插孔；如被测电流在 2～10A 之间，则将红表笔移至 10A 插孔。

功能开关置于 DCA 量程范围，测试笔串联入被测电路中。

红表笔的极性将在数字显示的同时指示出来。

> **注意**：如果被测电流范围未知，应将功能开关置于高档后逐步调低；仅最高位显示"1"说明已超过量程，应调高量程档级；由"A"插孔输入时，电流过载会导致内装熔体熔断，应更换相应规格的熔体；20A 插孔没有用熔体，测量时间应小于 15s。

（4）测量交流电流　测试方法和注意事项与直流电流测量相同。

（5）测量电阻　将黑表笔插入标有"COM"的公共插孔内，红表笔插入标有"VΩ"的插孔内。将功能开关置于所需量程上，将测试笔跨接在被测电阻上。

> **注意**：当输入开路时，会显示过量程状态"1"；如果被测电阻超过所用量程，则会指示出量程"1"，需换用高档量程。当被测电阻在 1MΩ 以上时，数字式万用表需数秒后方能稳定读数。对于高电阻测量这是正常的；在线检测电阻时，应确认被测电路已关电源，同时确认电容已放电完毕，方能进行测量。

任务考评

任务单

姓名		班级		成绩		工位	
任务要求		1）常用仪器仪表种类和作用 2）常用仪器仪表使用注意事项 3）常用仪器仪表的使用 4）遇到问题时小组进行讨论，可让教师参与讨论，通过团队合作解决问题					
任务完成结果（故障分析、存在问题等）						注意事项	
任务步骤：							
结论与分析：							
心得总结：							
评阅教师：				评阅日期：			

（续）

考核细则

根据职业资格标准、学习过程、实际操作情况、学习态度等多方面进行考核，可分为自我评价、组内互评、教师评价。得分说明：自我评价占总分的 30%，组内互评占总分的 30%，教师评价占总分的 40%

基本素养（20 分）

序号	考核内容	分值	自我评价	组内互评	教师评价	小计
1	签到情况、遵守纪律情况（无迟到、早退、旷课）、团队合作	6				
2	安全文明操作规程（关教室灯等）	7				
3	按照要求认真打扫卫生（检查不合格记 0 分）	7				

理论知识（30 分）

序号	考核内容	分值	自我评价	组内互评	教师评价	小计
1	常用仪器仪表的种类和作用	6				
2	模拟万用表的使用方法	8				
3	数字万用表的使用方法	8				
4	钳形电流表、兆欧表的使用方法	8				

技能操作（50 分）

序号	考核内容	分值	自我评价	组内互评	教师评价	小计
1	钳形电流表、兆欧表的使用	10				
2	模拟式万用表的使用	20				
3	数字式万用表的使用	20				
总分			100			

课后习题

1）模拟式万用表的组成原理，测量电阻、电压、电流的方法。

2）数字式万用表的组成原理，测量电阻、电压、电流的方法。

3）钳形电流表、兆欧表的使用方法。

项目 3　常用电子元器件的识别与检测

任务 3.1　常用电子元件的识别与检测

知识目标

1）了解电阻器的分类及命名方法；
2）熟记色环电阻的正确读法；
3）了解电容器、电感器的命名方法；
4）理解电容器、电感器的构造及工作特性；
5）了解电容器、电感器在不同电路中的作用。

能力目标

1）能正确识别各种电阻器、电容器和电感器的外形；
2）能通过电阻器、电容器和电感器的标识准确读出其标称值、允许误差、耐压值等；
3）会用万用表检测电阻、电容、电感的标称值和判别质量好坏。

素养目标

1）培养学生自觉遵守安全及技能操作规程，养成认真负责、细心操作的工作习惯；
2）培养学生团队合作意识。

实施流程

实施流程的具体内容见表3-1。

表 3-1 实施流程的具体内容

序号	工作内容	教师活动	学生活动	学时
1	布置任务	1）通过职教云、在线课程平台公告、微信下发预习通知 2）通过在线论坛收集、分析学生疑问 3）通过职教云设置考勤	1）接受任务，明确电子元件识别与检测的工作内容 2）在线学习资料，参考教材和课件完成课前预习 3）反馈疑问 4）完成职教云签到	4学时
2	知识准备	1）讲解电阻器的型号命名、分类、性能指标、测量和识别方法 2）讲解电容器的外形、分类、型号命名、主要性能及识别、检测方法 3）讲解电感器的外形、分类、型号命名、主要性能及识别、检测方法	1）学习电阻器、电容器、电感器的分类、型号命名及主要性能 2）熟悉常见的电子元件外形及识别方法 3）学习常用电子元件的识别和检测方法	
3	任务实施	1）教师下发任务单 2）督导学生完成	1）按照任务要求与教师演示过程，学生分组完成任务单 2）师生互动，讨论任务实施过程中出现的问题 3）完成任务书	
4	任务考评	1）按具体评分细则对学生进行评价 2）采用过程性考核方式，通过学生学习全过程的表现，教师给出综合评定分数	按具体评分细则进行自我评价、组内互评	

任务描述

电子元器件是电子元件和器件的总称。电子元件是指工厂生产加工时不改变分子成分的成品，如电阻器、电容器和电感器等。因为它们本身不产生电子，对电压、电流无控制和变换作用，所以又称无源器件。电子器件是指在工厂生产加工时改变了分子结构的成品，例如晶体管、电子管、集成电路，因为它们本身能产生电子，对电压、电流有控制、变换作用（放大、开关、整流、检波、振荡和调制等），所以又称有源器件。

随着电子技术及其应用领域的迅速发展，所用的电子元器件种类日益增多，学习和掌握常用电子元器件的性能、用途、质量判别方法，对提高电气设备的装配质量及可靠性起到重要的保证作用。

电阻器、电容器、电感器等都是电子电路常用的元件。

知识准备

3.1.1 电阻器的识别与检测

1. 电阻器的定义、作用、单位和符号

（1）定义　导体在通过电流时呈现出一定的阻力，称导体对电流的阻碍作用为电阻。

具有一定阻值、一定几何形状、一定技术性能且在电路中起电阻作用的元件叫电阻器,简称电阻。

(2)作用　电阻在电路中通常起到分压、分流、限流的作用。对于信号来说,交流与直流信号都可以通过电阻。电阻的主要物理特征是将电能变为热能,也可说它是个耗能元件。

(3)单位　电阻的单位是欧姆(Ohm),简称"欧",符号是Ω(希腊字母,读作Omega),比较大的单位有千欧(kΩ)、兆欧(MΩ)(兆=百万,即100万)等。

(4)符号　常用电阻图形符号如图3-1所示。

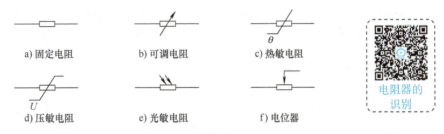

图3-1　常用电阻图形符号

2. 电阻器的分类

电阻器的种类很多,常用的有碳膜电阻器、金属膜电阻器、水泥电阻器、绕线电阻器等,如图3-2所示。下面就常用的电阻器分别给予介绍。

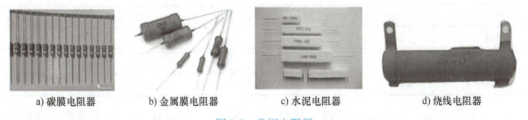

图3-2　常用电阻器

(1)碳膜电阻器　碳膜电阻器的电阻值范围为$0.75\Omega \sim 10M\Omega$,其额定功率有0.1W、0.125W、0.25M、1W、2W、5W、10W等,少数碳膜电阻器的功率为25W、50W、100W。

碳膜电阻器的电阻温度系数小,稳定性好,成本较低,广泛用于直流、交流和脉冲电路中。

(2)金属膜电阻器　金属膜电阻器耐热特性和稳定性较好、电阻温度系数小、湿度系数小、体积小、噪声小、可工作于120℃的温度条件。它的阻值范围为$1\Omega \sim 600M\Omega$,允许偏差可达0.5%,额定功率不超过2W。

(3)水泥电阻器　水泥电阻器采用工业高频电子陶瓷外壳,用特殊不燃性耐热水泥充填密封而成。具有耐高功率、散热容易、稳定性高等特点,具有优良的绝缘性能,其绝缘电阻可达100MΩ,同时具有优良的阻燃防爆性。它广泛应用于计算机、电视机、仪器、仪表、音响之中。在负载短路的情况下,可迅速熔断电阻丝与焊脚引线,对电路起到保护功能。其额定功率一般在1W以上。但此款电阻器也有缺点,即有电感,体积大,不宜制作成电阻值较大的电阻。

（4）绕线电阻器　用高阻合金线绕在绝缘骨架上制成，外面涂有耐热的釉绝缘层或绝缘漆。

3. 电阻器的主要技术参数

（1）标称阻值　阻值是电阻的主要参数之一，不同类型的电阻阻值范围不同，不同精度的电阻其阻值系列也不同。国家标准常用的标称电阻值系列见表3-2。该表也适用于电位器和电容器。

表3-2　国家标准常用的标称电阻值系列

系列名称	精度	电阻器/Ω、电位器/Ω、电容器标称值/PF						
E24	±5%	1.0 2.2 4.7	1.1 2.4 5.1	1.2 2.7 5.6	1.3 3.0 6.2	1.5 3.3 6.8	1.6 3.6 7.5	1.8 3.9 8.2	2.0 4.3 9.1
E12	±10%	1.0 3.3	1.2 3.9	1.5 4.7	1.8 5.6	2.2 6.8	2.7 8.2	—	—
E6	±20%	1.0	1.5	2.2	3.3	4.7	6.8	8.2	—

注：表中数值再乘以10^n，即为电阻器的阻值，其中n为正整数或负整数。

（2）允许误差　电阻允许误差数值见表3-3。

表3-3　电阻的允许误差

允许误差（%）	±0.001	±0.002	±0.005	±0.01	±0.02	±0.05	±0.1
等级符号	E	X	Y	H	U	W	B
允许误差（%）	±0.2	±0.5	±1	±2	±5	±10	±20
等级符号	C	D	F	G	J（Ⅰ）	K（Ⅱ）	M（Ⅲ）

（3）额定功率　电阻器在电路中长时间连续工作，不损坏或不显著改变，其性能所允许消耗的最大功率称为电阻器的额定功率。电阻器的额定功率并不是电阻器在电路中工作时一定要消耗的功率，而是电阻器在电路工作中所允许消耗的最大功率。不同类型的电阻器具有不同系列的额定功率，见表3-4。

表3-4　电阻器的额定功率

名称	额定功率/W					
实芯电阻器	0.25	0.5	1	2	5	—
绕线电阻器	0.5 25	1 35	2 50	6 75	10 100	15 150
薄膜电阻器	0.025 2	0.05 5	0.125 10	0.25 25	0.5 50	1 100

（4）最高工作电压　最高工作电压是指电阻器长期工作不发生过热或电击穿损坏的电压（直流电压或交流电压的均方根值）。

（5）电阻温度系数　电阻器在规定范围内工作时，环境温度每变化1℃，电阻值的相对变化数称为电阻温度系数。电阻温度系数越小，电阻器的热稳定性越好。

除上述参数外，电阻器还有静噪声、频率特性、稳定度等参数。对于要求较高的电路，如低噪声放大器和超高频电路等，要求静噪声低，电阻器的分布电容和分布电感应尽量小，阻值不应随频率升高而变化等，对电阻器就提出静噪声和频率特性等要求。

4. 电阻器的型号命名

（1）普通电阻器的型号命名（表3-5）

表3-5　普通电阻器的型号命名

第一部分　主称		第二部分　材料		第三部分　类别或额定功率		第四部分
字母	含义	字母	含义	数字或字母	含义	数字	序号
R	电阻器	C	沉积膜或高频瓷	1	普通	表示功率	用个位数表示或无数字
				2	普通或阻燃		
		F	复合膜	3或C	超高频		
		H	合成碳膜	4	高阻		
		I	玻璃釉膜	5	高温		
		J	金属膜	7或J	精密		
		N	无机实心	8	高压		
		S	有机实心	9	特殊（如熔断）		
		T	碳膜	G	高功率		
		U	硅碳膜	L	测量		
		X	线绕	T	可调		
		Y	氧化膜	X	小型		
				C	防潮		
		O	玻璃膜	Y	玻璃釉		
				B	不可燃		

（2）电位器的型号命名（表3-6）

表3-6　电位器的型号命名

第一部分　主称		第二部分　材料		第三部分　用途或特性		第四部分
字母	含义	字母	含义	字母	含义	序号
W	电位器	D	导电材料	B	片式	用数字表示
		F	复合膜	D	多圈旋转精密型	
		H	合成膜	G	高压式	
		I	玻璃釉膜	H	组合式	
		J	金属膜	J	单圈旋转精密型	
		N	无机实心	M	直滑精密型	
		S	有机实心	P	旋转功率型	
		X	线绕	T	特殊型	
		Y	氧化膜	W	螺杆驱动预调型	
				X	旋转低功率型	
				Y	旋转预调型	
				Z	直滑式低功率型	

（3）敏感电阻器的型号命名（表3-7）

表3-7 敏感电阻器的型号命名

第一部分 主称		第二部分 材料		第三部分 用途或特性		第四部分 序号
字母	含义	字母	含义	数字	含义	
M	敏感电阻	Z	正温度系数	1	精密型	数字或字母与数字混合
				5	测温型	
				6	温度控制型	
				7	消磁型	
				9	恒温型	
		F	负温度系数	0	特殊型	
				1	普通型	
				2	稳压型	
				3	微波测量型	
				4	旁热型	
				5	测温型	
				6	控制温度用	
				8	线性型	

电阻器和电位器的型号命名示例如图3-3～图3-4所示。图3-5所示为电阻器的具体型号命令。

```
R J 7 3
│ │ │ └── 第四部分：序号
│ │ └──── 第三部分：类别(精密)
│ └────── 第二部分：材料(金属膜)
└──────── 第一部分：主称(电阻器)
```

图3-3 精密金属膜电阻器

```
W X D 3
│ │ │ └── 第四部分：序号
│ │ └──── 第三部分：类别(多圈)
│ └────── 第二部分：材料(绕线)
└──────── 第一部分：主称(电位器)
```

图3-4 多圈绕线电位器

图3-5 型号为RJ71-0.25-3.3kΩ-Ⅰ的精密金属膜电阻器

5. 电阻值和误差的标注方法

电阻器的电阻值和误差有以下3种标注方法：

（1）直标法 将电阻器的主要参数和性能指标用数字或字母直接标注在电阻体上。

（2）文字符号法 将电阻器的主要参数与性能指标用文字、数字符号有规律地组合起来，并标注在电阻器上。如0.1Ω标注为Ω1，3.3Ω标注为3Ω3，4.7kΩ标注为4k7，10MΩ标注为10M等。

（3）色标法（又称色环表示法） 用不同颜色的色环来表示电阻器的电阻值及误差等级，如图3-6所示。色标法各色环的含义如图3-7所示。

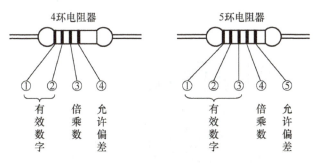

图3-6　色标法在电阻器上的标注方式

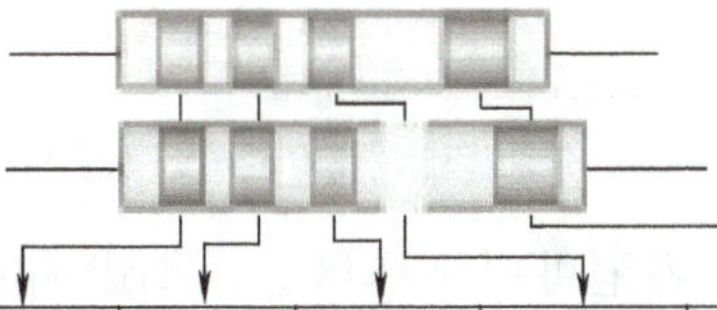

颜色	Ⅰ	Ⅱ	Ⅲ	倍率	误差
黑	0	0	0	10^0	
棕	1	1	1	10^1	±1%
红	2	2	2	10^2	±2%
橙	3	3	3	10^3	
黄	4	4	4	10^4	
绿	5	5	5	10^5	±0.5%
蓝	6	6	6		±0.25%
紫	7	7	7		±0.1%
灰	8	8	8		
白	9	9	9		
金				10^{-1}	5%
银				10^{-1}	10%

图3-7　色标法各色环的含义

6. 色环电阻首环的识别

1）离端部近的为首环。

2）最后一环为误差环。

3）金、银色在端头的为最后一环（误差环）。

4）黑色在端头的为倒数第二环，并且末环为无色。

5）紫、灰、白色一般不会表示倍率，即不会出现在倒数第二环。

7. 固定电阻器的检测

固定电阻器具体的检测方法是使用万用表的欧姆档，欧姆档的量程应视电阻器阻值的大小而定。一般情况下应使指针落到刻度盘的中间段，以提高测量精度。这样做的原因是万用表的欧姆档刻度线是非线性的，而中间段分度较细且准确。

1）切换万用表欧姆档的不同量程时，首先要进行万用表指针的调零。

2）用万用表检测电阻器的阻值时，手不能同时接触被测电阻器的两根引脚，以免人体电阻对测量结果造成影响，具体检测方法如图 3-8 所示。

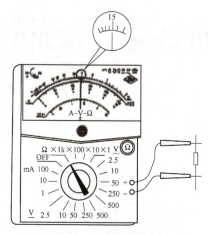

图 3-8　使用万用表检测电阻示意图

3）测量电阻器时，红、黑表笔可以不作区分，不影响测量结果。

4）欧姆档量程选得是否合适，将直接影响测量精度。例如，检测电阻值为 10Ω 的电阻器时，应选用"R×1Ω"档，如选用"R×1kΩ"档，其读数精度较差。因此，认真选择欧姆档量程是提高测量精度的重要环节。被测电阻器的电阻值为几 Ω 至几十 Ω 时，可选用"R×1Ω"档；被测电阻器的阻值为几十 Ω 至几百 Ω 时，可选用"R×10Ω"档；被测电阻器的电阻值为几百 Ω 至几千 Ω 时，可选用"R×100Ω"档；被测电阻器的阻值为几 kΩ 时，可选用"R×1kΩ"档；被测电阻器的阻值在几千 Ω 以上时，应选用"R×10kΩ"档。

8. 电位器的检测

（1）标称电阻值的检测　置万用表欧姆档于适当量程，先测量电位器两个定片之间的阻值是否与标称电阻值相符，再测动片与任一定片间电阻。慢慢转动转轴从一个极端向另一个极端转动，若万用表的指示从 0Ω（或标称电阻值）至标称电阻值（或 0Ω）连续变化，且电位器内部无"沙沙"声，则其质量完好。若转动中表针有跳动，说明该电位器存在接触不良的问题。

（2）带开关电位器的检测　除进行标称值检测外，还应检测开关。旋转电位器轴柄，接通或断开开关时应能听到清脆的"咔嗒"声。置万用表于"R×1Ω"档，两表笔分别接触电位器开关的外接焊片，接通时电阻值应为 0Ω，断开时应为无穷大，否则开关损坏。

（3）检测外壳与引脚间的绝缘性能　置万用表于"R×10kΩ"档，一只表笔接触电位器外壳，另一只表笔分别接触电位器的各引脚，测得阻值都应为无穷大，否则电位器存在短路或绝缘不好的问题。

3.1.2　电容器的识别与检测

电容器是一种能够容纳和释放电荷的电子元件，由两块彼此绝缘互相靠近的导体和夹在中间的绝缘介质组成。电容器的基本工作原理是充电和放电、通交流、隔直流，其用途非常广泛，包括隔直流、旁路、耦合和滤波等。

1. 电容器的外形和分类

按介质不同，可分为空气介质电容器、纸介电容器、电解电容器、有机薄膜电容器、瓷介电容器、玻璃釉电容器、云母电容器等。按结构不同可分为固定电容器、半可变电容器、可变电容器等。下面以结构不同的电容器为例进行介绍。

（1）固定电容器　固定电容器的外形和图形符号如图3-9所示。

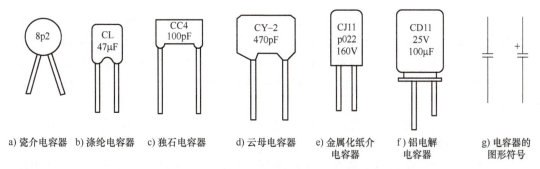

a）瓷介电容器　b）涤纶电容器　c）独石电容器　d）云母电容器　e）金属化纸介电容器　f）铝电解电容器　g）电容器的图形符号

图 3-9　固定电容器的外形和图形符号

（2）半可变电容器　半可变电容器又称微调电容器或补偿电容器。其特点是容量可在小范围内变化，可变电容量通常在几 pF～几十 pF 之间。图 3-10 所示为常用半可变电容器的外形和图形符号。

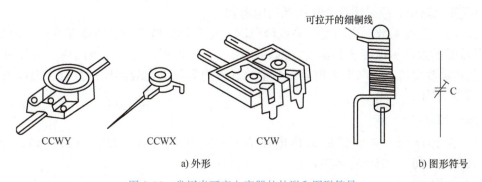

a）外形　　b）图形符号

图 3-10　常用半可变电容器的外形和图形符号

（3）可变电容器　可变电容器有若干片形状相同的金属片，并接成一组（或几组）定片和一组（或几组）动片，它的电容量可在一定范围内连续变化。

电容器的识别

2. 电容器的主要参数

（1）电容量　电容量是指储存电荷的能力大小，简称电容或容量。

（2）耐压　电容的耐压常用以下三个量表示：

1）额定直流工作电压：是指电容器能长期安全使用的最高直流工作电压。一般电容器外壳上标注的就是额定直流工作电压。一旦外加电压超过它的额定电压，电容器的电介质就会被击穿，导致两个极板间短路。

2）试验电压：是指短时间内（通常 5～60s）加上而不被击穿的电压。试验电压比额定工作直流电压的值要高约 1 倍。电解电容器无试验电压。

3）交流工作电压：是指长期安全工作所允许加的最高交流电压有效值。该数值对于工作在交流状态（如用于交流降压、耦合等）的电容器来说有要求。

（3）允许偏差　电容器壳体上标注的电容量为标称值。标称电容量系列的规定方法与电阻器的规定方法基本相同，常见的有 0 级允许偏差 E48，±2%；Ⅰ级允许偏差 E24，±5%；Ⅱ级允许偏差 E12，±10%；Ⅲ级允许偏差 E6，±20%。通常，电容器的偏差值大多标注在其壳体上。

（4）绝缘电阻　绝缘电阻能表示出电容器漏电的大小，其数值为额定工作电压与漏电流之比。这是由于任何电容器所用的电介质材料都不是绝对绝缘的，电容器在加上电压后，总会有微弱的电流通过绝缘介质，这就是电容器的漏电流，所以电容器的绝缘电阻越大越好。一般小容量固定电容器的绝缘电阻可高达数百兆欧甚至上千兆欧。

（5）环境温度　大多数电容器应能在 −25～+85℃ 的温度范围内长期正常工作。电容器的环境温度通常由标准规定。

（6）频率特性　电容器工作在交流状态下，除有损耗电阻外，还会产生与之串联的电感。当频率升高时，电感呈现的感抗增大，对电容器的影响增大。因此，不同类型的电容器有各自的最高工作频率。

（7）电容器的损耗　电容器在交变电场作用下，其内部电介质的分子由于极化会消耗一部分电能，表现为介质发热且随温度的升高损耗加大，严重时会烧坏电容器。在高压电路和高频电路中，应采用低介质损耗的电容器。

（8）电容温度系数　当温度升高或降低时，电容器的电容量会随温度的变化而变化，用电容温度系数表示电容量和温度之间的关系。它是指在一定温度范围内，温度每变化 1℃，电容量改变的数值与原来电容量数值之比。电容器的电容温度系数有正温度系数和负温度系数之分。

3. 电容器的标称值

（1）标称电压　电容器的标称电压有 6.3V、10V、16V、25V、32V、40V、50V、63V、100V、160V、250V、400V 等。

（2）标称电容量

1）高频纸介质、云母介质、玻璃釉介质、有机薄膜介质电容器的标称电容量系列：1.0μF、1.1μF、1.2μF、1.3μF、1.5μF、1.6μF、1.8μF、2.0μF、2.2μF、2.4μF、2.7μF、3.0μF、3.3μF、3.6μF、3.9pF、4.3μF、4.7μF、5.1μF、5.6μF、6.2μF、6.8μF、7.5μF、8.2μF、9μF。

2）纸介质、金属化纸介质、复合介质、低频有机薄膜介质电容器的标称电容量系列：1.0μF、1.5μF、2.0μF、2.2μF、3.3μF、4.0μF、4.7μF、5.0μF、6.0μF、6.8μF、8.0μF。

3）电解电容器的标称电容量系列（钽、铌）：1μF、1.5μF、2.2μF、3.3μF、4.7μF、6.8μF；（铝）1μF、2.5μF、10μF、20μF、50μF、100μF、200μF、5000μF。

4. 电容器的型号

电容器的型号命名见表 3-8，型号示例如图 3-11 所示。

表 3-8 电容器的型号命名

第一部分		第二部分		第三部分		第四部分
用字母表示主体		用字母表示材料		用字母表示特征		用字母或数字表示符号
符号	意义	符号	意义	符号	意义	
C	电容器	C I O Y V Z J B F L S Q H D A G N T M E	瓷介 玻璃釉 玻璃膜 云母 云母纸 纸介 金属化纸介 聚苯乙烯 聚四氟乙烯 涤纶（聚酯） 聚碳酸酯 漆膜 纸膜复合 铝电解 钽电解 金属电解 铌电解 钛电解 压敏 其他材质电解	T W J X S D M Y C	铁电 微调 金属化 小型 独石 低压 密封 高压 穿心式	包括品种、尺寸代号、温度特性、直流工作电压、标称值、允许误差、标准代号

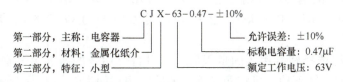

图 3-11 电容器的型号示例

5. 电容量的标注方法

（1）直标法　容量单位：F（法拉）、μF（微法）、nF（纳法）、pF（皮法）。

$$1F=10^6 μF=10^{12} pF；1μF=10^3 nF=10^6 pF；1nF=10^3 pF$$

例如：4n7 表示 4.7nF 或 4700pF；0.22 表示 0.22μF；51 表示 51pF。

有时用大于 1 的两位以上的数字表示单位为 pF 的电容量，例如 101 表示 101pF；用小于 1 的数字表示单位为 μF 的电容量，例如 0.1 表示 0.1μF。

（2）数码表示法　一般用三位数字来表示电容量的大小，单位为 pF。前两位为有效数字，后一位表示位率。即 $\times 10^i$，i 为第三位数字，若第三位数字为 9，则 $\times 10^{-1}$。如 223 表示 $22 \times 10^3 pF = 22000pF = 0.022μF$，允许误差为 ±5%；又如 479 表示 $47 \times 10^{-1} pF$，允许误差为 ±5% 的电容量。这种表示方法最为常见。

（3）色码表示法　色码表示法与电阻器的色环表示法类似，颜色涂于电容器的一端或从顶端向引线排列。色码一般只有三种颜色，前两环为有效数字，第三环为倍率，单位为pF。有时色环较宽，如红红橙，即两个红色色环涂成一个宽的红色色环，表示22000pF。

6. 电容器的检测

（1）一般电容器的测量　将万用表置于"R×10Ω"档，用两表笔分别接触电容器引脚，测得的电阻越大越好，一般在几百 kΩ 至几 MΩ；若测得的电阻很小，甚至为零，则说明电容器内部已经短路，一般电容的测量如图 3-12 所示。

当测量中发现万用表的指针不能回到无穷大的位置时，指针所指的电阻值就是该电容器的漏电电阻。指针距离电阻值无穷大位置越远，说明电容器漏电越严重。有的电容器在测其漏电电阻时，指针退回到无穷大位置后，又慢慢地向顺时针方向摆动，摆动得越多表明电容器漏电越严重。

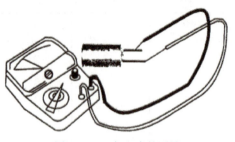

图 3-12　一般电容的测量

（2）电容器断路的测量　电容器的容量范围很宽，用万用表判断电容器的断路情况时，首先要看电容器容量的大小。对于 0.01μF 以下的小容量电容器，用万用表不能准确判断其是否断路，只能用其他仪表进行鉴别（如 Q 表）。对于 0.01μF 以上的电容器，用万用表测量时，必须根据电容器容量的大小，选择合适的量程进行测量，才能正确地予以判断。

如在测量 300μF 以上容量的电容器时，可选用"R×10Ω"档或"R×1Ω"档；如要测量 10～300μF 的电容器，则可选用"R×100Ω"档；如要测量电容量为 0.47～10μF 的电容器，则可选用"R×1kΩ"档；如测量 0.01～0.47μF 的电容器，则可选用"R×10kΩ"档。

按照上述方法选择好万用表的量程后，便可将万用表的两表笔分别接触电容的两个引脚，测量时，如指针不动，可将两表笔对调后再测；如指针仍不动，说明电容器断路。

（3）电容器的短路测量　电容器的短路测量用万用表的欧姆档。用万用表的两表笔分别接触电容器的两个引脚，如指针所示阻值很小或为零，而且指针不再退回无穷大处，说明电容器已经击穿（短路）。需要注意的是，在测量容量较大的电容器时，要根据电容量的大小，依照上述介绍的方法来选择适当的量程，否则就会把电容器的充电误认为击穿。

（4）电解电容器的检测

1）测量电解电容器的漏电电阻。依照上述介绍的量程选择方法，选择万用表的合适量程，将红表笔接触电解电容器的负极，黑表笔接触电解电容器的正极。此时，指针向零刻度方向摆动，摆到一定幅度后，又反方向向无穷大的方向摆动，直到在某一位置停下，此时指针所测的阻值便是电解电容器的正向漏电电阻。正向漏电电阻值越大，说明电容器的性能越好，其漏电流越小。将万用表的红、黑表笔对调（红表笔接正极，黑表笔接负极），再进行测量，此时指针所测的阻值为电容器的反向漏电电阻，此电阻值应比正向漏电电阻值小些。测得的以上两漏电电阻阻值如很小（几百 kΩ 以下），则表明电解电容器的性能不良，不能使用。

2）电解电容器正、负电极的判别。主要是根据如上所述测量漏电电阻的方法，用万用表的欧姆档，根据电解电容器的容量选好合适的量程，用两表笔接触电容器的引脚测其漏电电阻，并记下这个阻值的大小，然后将两表笔对调，再一次测漏电电阻值，将两次测量的漏电电阻值对比，漏电电阻值小的一次，黑表笔所接的是电解电容器的负极，如图3-13所示。通常电解电容的引出线有正、负极之分，长脚为正极，短脚为负极。

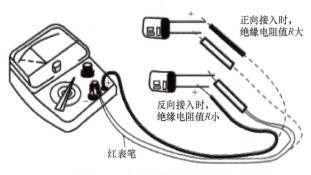

图 3-13　电解电容器的测量方法

（5）可变电容器的检测

1）可变电容器的主要故障是转轴松动、动片与定片之间的相碰短路。对于固体介质的密封可变电容器，其动片与定片之间有杂质与灰尘时还可能有漏电现象。

2）对于电容器短路与漏电故障的检查方法是用万用表的"R×10kΩ"档，如图3-14所示。测量动片与定片之间的绝缘电阻，即用两表笔分别接触电容器的动片、定片，然后慢慢旋转动片，如到某一位置时阻值为零，则表明电容器有短路现象，应予以排除再用。如动片转到某一位置时，指针位置不为无穷大，而是出现一定的阻值，则表明动片与定片之间有漏电

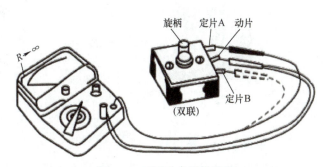

图 3-14　可变电容器的测量

现象，应清除电容器内部的灰尘后再用。如将动片全部旋进/旋出后，阻值均为无穷大，表明可变电容器良好。

用万用表对电容器进行检测时应注意以下三点：

1）无论对电容器进行漏电电阻的测量，还是短路、断路的测量，在测量过程中要注意手不能同时碰触两根引脚。

2）由于电容器在测量过程中要有充电、放电的过程，故当第一次测量后，必须先放电（用万用表表笔将电容器两引脚短路一下即可），然后才可进行第二次测量。

3）在对电路电容器进行检测时，必须弄清所在电路的其他元器件是否影响测量结果，一般情况下应尽量不采用在线测量。

3.1.3　电感器的识别与检测

电感器又称电感线圈或线圈，用"L"表示，它是由导线一圈挨一圈地绕在导磁体上，导线彼此绝缘，而导磁体可以是空心的，也可以包含铁心或磁心。电感器是利用电磁感应制成的，它是一种储能元件，能将电能转换成磁能并储存起来，具有阻碍交流电通过的特性，其作用有滤波、作为谐振电路的振荡元件等。概括起来就是隔交通直，储存磁

能。电感量的基本单位是亨利（H），还有 mH、μH 等，其关系为 $1H=10^3 mH=10^6 μH$。

1. 电感器的外形及符号

电感器按电感量能否调节分为固定电感器和可变电感器，按导磁体材料分为空心电感器、铁心电感器、铁氧体电感器（是一种磁心电感器）。电感器的图形符号如图 3-15 所示，部分电感器外形如图 3-16 所示。

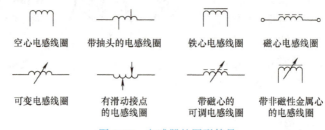

图 3-15　电感器的图形符号

图 3-16　部分电感器的外形

2. 电感器的主要参数

电感器和电容器一样，是一种无源元件，也是一种储能元件。电感器的主要技术参数如下：

（1）电感量　电感量的大小与线圈的匝数、直径、绕制方式、内部是否有磁心及磁心材料等因素有关。匝数越多，电感量就越大。线圈内装有磁心或铁心，可以增大电感量。一般磁心用于高频场合，铁心用于低频场合。线圈中装有铜心，则会使电感量减小。

（2）品质因数　品质因数反映了电感器质量的高低，通常称为 Q 值。若线圈的损耗较小，Q 值就较高；若线圈的损耗较大，则 Q 值就较低。

线圈的 Q 值与构成线圈的导线粗细、绕制方式以及所用导线是多股线、单股线还是裸导线等因素有关。

通常，线圈的 Q 值越大越好。实际上，Q 值一般在几十至几百之间。在实际应用中，用于振荡电路或选频电路的线圈，要求高 Q 值，这样的线圈损耗小，可提高振荡幅度和选频能力；用于耦合的线圈，其 Q 值可低一些。

（3）分布电容　线圈的匝与匝之间以及线圈与屏蔽罩或地之间，不可避免地存在着分布电容。这些电容是一个成形电感器所固有的，故也称为固有电容。固有电容的存在往往会降低电感器的稳定性，同时降低其品质因数。

一般要求电感器的分布电容尽可能小。采用蜂房式绕法或线圈分段式绕法，可有效地减小其固有电容。

（4）允许偏差　允许偏差是指线圈的标称电感值与实际电感值的允许偏差值，也称为电感量的精度，对它的要求视用途而定。一般对用于振荡或滤波等电路中的电感器要求较高，允许偏差为 ±0.2% ～ ±0.5%；而用于耦合、高频阻流的电感器则要求不高，允许偏差为 ±10% ～ ±15%。

（5）额定电流　额定电流是指电感器在正常工作时所允许通过的最大电流。若工作电流超过该额定电流值，线圈会因过电流而发热，其参数会改变，严重时电感器会烧断。

（6）稳定性　稳定性是指在指定工作环境（温度、湿度等）及额定电流下，线圈的电感量、品质因数以及固定电容等参数的稳定程度，其参量变化应在给定的范围内，以保证电路的可靠性。

3. 电感器的型号命名

固定线圈的型号及命名方法各生产厂家不尽相同，国内较常见的命名有两种，一种由三部分构成，另一种由四部分构成。

1）三部分构成的主要结构为：第一部分用字母表示主称；第二部分用数字表示电感量；第三部分用字母表示允许偏差（其中"J"表示 ±5%、"K"表示 ±10%，"M"表示 ±20%）。

2）四部分构成的主要结构为：第一部分用字母表示主称；第二部分用字母表示特征（其中"G"表示高频）；第三部分用字母表示形式（其中"X"表示小型）；第四部分用数字表示序号。例如，LGX 型即为小型高频电感器。

4. 电感量的标注方法

（1）直标法　直标法是将标称电感量及允许误差等参数直接标注在电感器外壳上。

（2）文字符号法　文字符号法是利用文字和数字的有机结合将标称电感量、允许误差等参数标注在电感器外壳上，通常用于一些小功率的电感器。其单位一般为 nH 或 μH，分别用 n 或 R 表示小数点的位置。如 4R7 表示电感量为 4.7μH。

（3）色标法　色标法是用不同颜色的色环或色点在电感器外壳标出电感量和误差等参数的方法。单位为 μH。

（4）数码法　数码法是用 3 位数字表示电感量的方法，数字从左向右，前面的两位数为有效值，第三位数为倍乘数，单位为 μH。

5. 电感器的检测

电感器性能的检测在业余条件下是无法进行的，即对电感量及品质因数的精确检测等均需用专门的仪器，对于使用者来说无法做到。不过可从以下两个方面进行大致的检测：

1）从电感器外观查看是否有破裂现象，线圈是否有松动变位的现象，引脚是否牢靠。查看电感器的外壳上是否有电感量的标称值。还可进一步检查磁心旋转是否灵活、有无滑扣等。

2）用万用表检测通/断情况。

① 色码电感的检测是将万用表置于"R×1Ω"档，用两表笔分别触接电感器的引脚。当被测电感器的电阻值为 0Ω 时，说明电感线圈内部短路，不能使用。如果测得电感器有一定阻值，说明电感器可以正常使用。电感器的电阻值与电感器所用漆包线的粗细、圈数

多少有关。电感器的电阻值是否正常可通过相同型号的正常值进行比较，如图3-17所示。

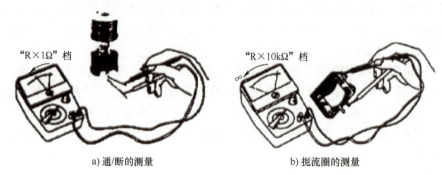

a）通/断的测量　　　　　　　　　b）扼流圈的测量

图 3-17　电感器的测量

当测得的电阻值为∞时，说明电感器或引脚与线圈接点处发生了断路，此电感器不能使用。

② 对振荡器的检测。由于振荡器有底座，在底座下方有引脚，检测时首先弄清各引脚与哪个线圈相连，然后用万用表的"R×1Ω"档，测一次绕组或二次绕组的电阻值，如有阻值且比较小，一般就认为是正常的。如果电阻值为0，则是短路，如果阻值为∞，则是断路。

由于振荡器置于屏蔽罩内，因此还要检测一、二次绕组与屏蔽罩之间的电阻值。方法是选万用表的"R×10kΩ"档，用一支表笔接触屏蔽罩，另一支表笔分别接触一、二次绕组的各引脚，若测得的阻值为∞，说明正常；如果阻值为0，则有短路现象；若阻值小于∞，但大于0，则说明有漏电现象。

任务实施 》》》》

3.1.4　万用表检测常用电子元件

1. 电阻器的识别与检测

（1）所需器材　每组学生配指针式万用表一个，数字式万用表一个，普通电阻10个（其中直标法、文字符号法、数码法共6个，色环电阻4个），电位器3个，各组之间电阻可交换检测，反复练习。

（2）实施步骤

1）从外观读出各个电阻器、电位器的阻值及允许误差，并填入表3-9中。

2）用万用表电阻档测量各电阻器、电位器的阻值，并填入表3-9中，同时鉴别其好坏。

表 3-9　电阻器数据测量表

编号	外表标识内容 （即各色环的颜色）	识读结果		万用表测量结果	好坏鉴别
		阻值	允许误差		
R1					
R2					

（续）

编号	外表标识内容（即各色环的颜色）	识读结果		万用表测量结果	好坏鉴别
		阻值	允许误差		
R3					
R4					
R5					
R6					
R7					
R8					
R9					
R10					
W1					
W2					
W3					

2. 电容器的识别与检测

（1）所需器材　每组学生配指针式万用表一个，数字式万用表一个，无极性电容器 9 个（每种标注方法各 3 个），电解电容器 3 个，单、双联可变电容器各 1 个，损坏的电容器 2 个。

（2）实施步骤

1）从外观读出各电容器的容量、误差、耐压，并填入表 3-10 中。

2）用指针式万用表和数字式万用表分别测量每个电容器，判定其好坏，将检测结果填于表 3-10 中。

表 3-10　电容器数据测量表

类别	编号	外观识别			指针式万用表检测			数字式万用表检测	好坏鉴别
		容量	误差	耐压	档位	指针回转至终点时的电阻值	指针右偏至最大时的电阻值		
无极性电容	C1								
	C2								
	C3								
	C4								
	C5								
	C6								

（续）

类别	编号	外观识别			指针式万用表检测			数字式万用表检测	好坏鉴别
		容量	误差	耐压	档位	指针回转至终点时的电阻值	指针右偏至最大时的电阻值		
无极性电容	C7								
	C8								
	C9								
电解电容	C10								
	C11								
	C12								
可变电容	C13								
	C14								
损坏电容	C15								
	C16								

3. 电感器的识别与检测

（1）所需器材　每组学生配指针式万用表一个，数字式万用表一个，色码电感器3只，变压器3个，损坏的电感2个。

（2）实施步骤

1）从外观读出各电感的电感量、误差并填入表3-11中。

2）用万用表测量每只电感器，判定其好坏，将检测结果填于表3-11中。

表3-11　电感器数据测量表

编号	识读结果		万用表测量结果	好坏鉴别
	电感量	允许误差		
L1				
L2				
L3				
L4				
L5				
L6				
L7				
L8				

任务考评

任务单

姓名		班级		成绩		工位	
任务要求		1）电阻器的识别与检测 2）电容器的识别与检测 3）电感器的识别与检测 4）遇到问题时小组进行讨论，可让教师参与讨论，通过团队合作解决问题					

任务完成结果（故障分析、存在问题等）	注意事项
任务步骤： 结论与分析： 心得总结：	

评阅教师：	评阅日期：

考核细则

根据职业资格标准、学习过程、实际操作情况、学习态度等多方面进行考核，可分为自我评价、组内互评、教师评价。
得分说明：自我评价占总分的30%，组内互评占总分的30%，教师评价占总分的40%

基本素养（20分）

序号	考核内容	分值	自我评价	组内互评	教师评价	小计
1	签到情况、遵守纪律情况（无迟到、早退、旷课）、团队合作	6				
2	安全文明操作规程（关教室灯等）	7				
3	按照要求认真打扫卫生（检查不合格记0分）	7				

理论知识（30分）

序号	考核内容	分值	自我评价	组内互评	教师评价	小计
1	电阻器的定义、作用、单位、符号、型号命名、阻值标注方法等	10				
2	电容器的外形、符号、分类、型号命名、标注方法及主要参数	10				
3	电感器的外形、符号、型号命名、标注方法及参数	10				

(续)

序号	考核内容	分值	自我评价	组内互评	教师评价	小计
	技能操作（50分）					
1	电阻器的识别与检测	20				
2	电容器的识别与检测	15				
3	电感器的识别与检测	15				
	总分	100				

课后习题

1）电阻器参数的标注方法有哪几种？
2）怎样判别电阻器、电位器的好坏？
3）用万用表测电位器的阻值变化时，若移动动片时阻值有突变现象，说明电位器的质量怎样？为什么？
4）电容器参数的标注方法有哪几种？
5）怎样判别无极性电容、电解电容的好坏？
6）电感器参数的标注方法有哪几种？
7）如何使用万用表检测电感元件的好坏？

任务3.2　常用半导体器件的识别与检测

知识目标

1）理解PN结的单向导电性；
2）了解二极管的性能参数；
3）了解晶体管各引脚电流、电压的关系；
4）了解场效应晶体管的结构及性能参数。

能力目标

1）能正确识别各种二极管、晶体管和场效应晶体管的外形；
2）会用万用表检测二极管的正负极和判别质量；
3）能应用万用表判别晶体管的类型、各引脚以及性能检测；
4）会用万用表检测场效应晶体管。

素养目标

1）培养学生精益求精的工作精神；
2）培养学生团结协作的职业精神；
3）培养学生科学严谨的工作作风。

实施流程

实施流程的具体内容见表 3-12。

表 3-12 实施流程的具体内容

序号	工作内容	教师活动	学生活动	学时
1	布置任务	1）通过职教云、在线课程平台公告、微信下发预习通知 2）通过在线论坛收集、分析学生疑问 3）通过职教云设置考勤	1）接受任务，明确常用半导体元件识别与检测的工作内容 2）在线学习资料，参考教材和课件完成课前预习 3）反馈疑问 4）完成职教云签到	4 学时
2	知识准备	1）讲解二极管的识别与检测 2）讲解晶体管的识别与检测 3）讲解场效应晶体管的识别与检测	1）学习二极管、晶体管的主要参数 2）熟悉半导体二极管、晶体管的结构 3）学习检测二极管的正负极和判别质量的方法 4）学习晶体管的类型、各引脚以及性能检测的方法和步骤 5）学习场效应晶体管的结构及检测方法	
3	任务实施	1）教师下发任务单 2）督导学生完成	1）按照任务要求与教师演示过程，学生分组完成任务单 2）师生互动，讨论任务实施过程中出现的问题 3）完成任务书	
4	任务考评	1）按具体评分细则对学生进行评价 2）采用过程性考核方式，通过学生学习全过程的表现，教师给出综合评定分数	按具体评分细则进行自我评价、组内互评	

任务描述

半导体的作用是可以通过改变其局部的掺杂浓度来形成一些器件结构，这些器件结构对电路具有一定控制作用，比如二极管的单向导电、晶体管的放大作用等，这是导体和绝缘体做不到的。

导体在电路中常常作为电阻和导线出现，在电路中仅仅起到分压或限流的作用。

半导体器件（Semiconductor Device）通常利用不同的半导体材料、采用不同的工艺和几何结构，已研制出种类繁多、功能用途各异的多种二极管、晶体管和场效应晶体管等。

知识准备

3.2.1 二极管的识别与检测

1. 二极管的结构与电路符号

（1）结构　二极管采用掺杂工艺，在一块半导体（硅或锗）的一边形成 P 型半导体，另一边形成 N 型半导体，在 P 型区和 N 型区的交界面上就形成了一个具有特殊电性能的薄层，称为 PN 结。给 PN 结加上封装，并引出两个电极（P 型区引出的是正极，N 型区引出的是负极），便构成了二极管，如图 3-18 所示。

图 3-18　二极管结构图

二极管的识别

（2）外形及图形符号　二极管的外形如图 3-19 所示，图形符号如图 3-20 所示。

图 3-19　二极管外形图

a) 普通二极管　　b) 发光二极管　　c) 光电二极管

图 3-20　常见二极管的图形符号

2. 二极管的伏安特性曲线

二极管的伏安特性曲线——描述二极管两端的电压和流过的电流之间的关系曲线，如图 3-21 所示。

（1）正向特性

1）死区（OA 段）：硅管死区电压小于 0.5V，锗管死区电压小于 0.1V，超过死区电压后，二极管中电流开始增大。

2）导通（B 点）：硅管导通电压约为 0.7V，锗管约为 0.3V。

（2）反向特性

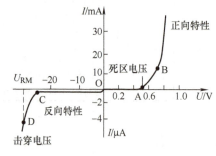

图 3-21　二极管伏安特性曲线

1）反向微电流区（OC 段）：二极管两端加反向电压小于某一数值时，二极管并不是理想的截止，它会有很小的反向电流，且反向电流在一定范围内基本不随反向电压变化而变化，因此称为反向饱和电流（一般硅管为几到几十 μA，锗管为几十到几百 μA）。此时二极管在电路中相当于一个开关的断开状态。

2）反向击穿：当反向电压增大至某一数值后，反向电流开始急剧增大（D 点），二极管有可能将被击穿。

3. 二极管的主要参数

1）最大整流电流 I_{FM}：最大整流电流是指长期使用时，二极管能通过的最大正向平均电流值。通过二极管的电流不能超过最大整流电流值，否则会烧坏二极管。锗管的最大整流电流一般在几十 mA 以下，硅管的最大整流电流可达数百安。

2）最大反向电流 I_R：最大反向电流是指二极管的两端加上最高反向电压时的反向电流值。反向电流大，则二极管的单向导电性能差，这样二极管容易烧坏，整流效果也差。硅管的反向电流在 1μA 以下，大的有几十 μA，大功率二极管的反向电流也有高达几十

mA 的。锗管的反向电流比硅管大得多,一般可达几百 μA。

3）最高反向工作电压 U_M（峰值）：最高反向工作电压是指二极管在使用中所允许施加的最大反向电压,它一般为反向击穿电压的 1/2 ~ 2/3。锗管的最高反向工作电压一般为数十伏以下,而硅管可达数百伏。

4. 几种常见的二极管

二极管的种类很多,按材料分为锗二极管、硅二极管、砷化镓二极管等,按结构分为点接触二极管和面接触二极管,按用途分为整流二极管、检波二极管、光电二极管、稳压二极管和变容二极管、发光二极管等。

（1）整流二极管　整流二极管多用硅半导体材料制成,有金属封装和塑料封装两种。整流二极管是利用 PN 结的单向导电性,把交流电变成脉动直流电。常用的整流二极管实物如图 3-22 所示。

（2）检波二极管　检波的作用是把调制在高频电磁波中的低频信号检出来。检波二极管要求 PN 结电容小,反向电流小,所以检波二极管常采用点触式二极管。常用的检波二极管的实物图如图 3-23 所示。

图 3-22　整流二极管实物图

图 3-23　检波二极管实物图

（3）光电二极管　光电二极管又叫光敏二极管,是在反向电压作用下工作的。无光照射时,二极管的反向电流很小；有光照射时,二极管的反向电流很大。光电二极管不是对所有的可见光及不可见光都有作用,而是有特定的光谱范围。2DU 是利用半导体硅材料制成的光电二极管,2AU 是利用半导体锗材料制成的光电二极管,其实物图如图 3-24 所示。

（4）稳压二极管　稳压二极管是一种齐纳二极管,它是利用二极管反向击穿时,其两端电压固定在某一数值,而基本上不随电流大小变化的特性来进行工作的。稳压二极管的正向特性与普通二极管相似,当反向电压小于击穿电压时,反向电流很小；当反向电压临近击穿电压时,反向电流急剧增大,就会发生电击穿。这时电流在很大范围内改变,但稳压二极管两端的电压基本保持不变,起到稳定电压的作用。必须注意的是,稳压二极管在电路上应用时一定要串联限流电阻,不能让二极管被击穿后电流无限增大,否则二极管将立即被烧毁。其实物图如图 3-25 所示。

图 3-24　光电二极管实物图

图 3-25　稳压二极管实物图

（5）变容二极管　变容二极管是利用 PN 结的空间电荷层具有电容特性的原理制成的

特殊二极管。它的特点是结电容跟随二极管上的反向电压大小而变化。在一定范围内，反向偏压越小，结电容越大；反之，反向偏压越大，结电容越小。因为变容二极管的这种特性，可以在电路中取代可变电容器的功能。

变容二极管多采用硅或砷化镓材料制成，采用陶瓷或环氧树脂封装。变容二极管在电视机、收音机和录像机中，多用在天线调谐电路和自动频率微调电路中，其实物图如图 3-26 所示。

（6）发光二极管　发光二极管是一种新颖的半导体发光器件，在家用电器设备中常用于指示作用。例如，有的收录机中常用一组或两组发光二极管作为音量指示。当音量增大时，输出功率加大，发光二极管发光的数目增多，当音量减小时，输出功率减小，发光二极管发光的数目减少。

根据制造的材料和工艺不同，发光颜色有红色、绿色、黄色等。有的发光二极管还能根据所加电压的不同发出不同颜色的光，称为变色发光二极管。发光二极管实物图如图 3-27 所示。

图 3-26　变容二极管实物图

图 3-27　发光二极管实物图

5. 二极管的识别

要认识二极管首先要了解二极管的命名方法。各国对二极管的命名规定不同。我国二极管的型号一般由五个部分组成，见表 3-13。

表 3-13　二极管的型号命名

第一部分		第二部分		第三部分		第四部分	第五部分
用数字表示器件电极的数目		用字母表示器件的材料和极性		用字母表示器件的类型		用数字表示序号	用字母表示规格号
符号	意义	符号	意义	符号	意义		
2	二极管	A	N 型、锗材料	P	普通管		
		B	P 型、锗材料	W	稳压管		
		C	N 型、硅材料	Z	整流管		
		D	P 型、硅材料	K	开关管		

例如：① 2AP9，"2"表示二极管，"A"表示 N 型、锗材料，"P"表示普通管，"9"表示序号；② 2CW10，"2"表示二极管，"C"表示 N 型、硅材料，"W"表示稳压管，"10"表示序号。

现在市场上有很多国外厂家生产的二极管,例如日本产的1N4148是一种开关二极管;1N4001、1N4002、1N4005、1N4007等是整流二极管,其最大整流电流都是1A,反向工作电压分别是50V、100V、200V、400V和1000V。

二极管型号命名举例如图3-28所示。

图 3-28　二极管型号命名举例

6. 二极管的检测

1)判断二极管的正极、负极,需要对二极管进行检测,见表3-14。检测方法如图3-29所示,将万用表置于"R×1kΩ"档或"R×100Ω"档,测二极管的阻值,如果测得的阻值较小,表明所测为正向电阻,此时黑表笔所接触的一端为二极管的正极,红表笔所接触的一端为负极。如所测得的阻值很大,则表明所测为反向电阻,此时红表笔所接触的一端为正极,另一端为负极。

2)整流二极管的工作电流一般比检波二极管的工作电流大,所以可以用"R×1Ω"档或"R×10kΩ"档进行检测,也可以用"R×1kΩ"档或"R×100Ω"档进行检测,但应注意的是,用不同量程所测的阻值是不完全一样的。

对整流二极管的检测方法与检波二极管的检测方法基本一样,其过程不再重复。应注意的是,用"R×1kΩ"档检测时测得的正向电阻值一般为几kΩ至十几kΩ,其反向阻值应为∞。如反向电阻值为0,表明二极管已被击穿。

表 3-14　二极管的检测

测试项目	测试方法	正常数据	极性判别	质量好坏
正向电阻	如图3-29a所示	几百Ω至几kΩ。锗管的正向电阻比硅管的稍小	模拟式万用表黑表笔所接端为阳极;数字式万用表红表笔所接端为阳极	1)正、反向电阻值相差越大,性能越好 2)正、反向电阻值均小或为零,短路损坏 3)正、反向电阻值均很大或无穷大,开路损坏 4)正向电阻较大或反向电阻偏小,性能不良
反向电阻	如图3-29b所示	大于几百kΩ。锗管的反向电阻比硅管的稍小	模拟式万用表黑表笔所接端为阴极;数字式万用表红表笔所接端为阴极	

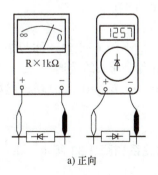
a) 正向

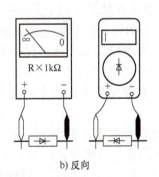
b) 反向

图 3-29　二极管的检测示意图

3.2.2 晶体管的识别与检测

晶体管是由两个 PN 结加上相应的引出电极线封装组成。由于晶体管具有放大作用，所以它是收音机、录音机、电视机等家用电器中很重要的器件之一。用晶体管可以组成放大、振荡及各种功能的电子电路。

1. 晶体管的图形符号与外形

晶体管的图形符号与实物图如图 3-30 所示。

a) 图形符号　　　　　　　　　b) 实物图

图 3-30　晶体管的图形符号与实物图

2. 晶体管的分类

晶体管的分类方式有很多种，按结构可分为点接触型和面接触型晶体管，按生产工艺分为合金型、扩散型和平面型晶体管等。常用的分类方式是从应用角度出发，依据工作频率分为低频晶体管、高频晶体管和开关晶体管，依据工作功率分为小功率晶体管、中功率晶体管和大功率晶体管，依据导电类型分为 PNP 型晶体管和 NPN 型晶体管，依据构成材料分为锗晶体管和硅晶体管。

3. 晶体管的电流放大作用

实现电流放大作用的条件是发射结加正向电压，集电结加反向电压。

三个电极的电位关系如图 3-31 所示。发射极箭头方向即 PN 结正偏方向，也表示电流的流向。

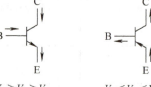

NPN型晶体管　　PNP型晶体管

图 3-31　晶体管放大条件下各极电位关系

4. 晶体管的输入、输出特性曲线

1) 输入特性曲线如图 3-32 所示。

晶体管的三种工作状态（三个工作区域）如下所示：

① 放大区：发射结正偏和集电结反偏，$I_C=\beta I_B$。

② 饱和区：发射结正偏、集电结也是正偏。I_C 不随 I_B 变化，称为集电极饱和电流，记作 I_{CS}，I_{CS} 主要由外电路决定。晶体管在这里相当于开关的接通。

③ 截止区：发射结反偏，集电结反偏，$I_B=0$、$I_C=I_{CEO}=0$。晶体管在这里相当于开关的断开。

2) 输出特性曲线如图 3-33 所示。

输出特性指，当 I_B 一定时，I_C 与 U_{CE} 之间的关系如图 3-33 所示，每一个 I_B 值都有一条特性曲线与之对应，从而构成了一簇输出曲线。

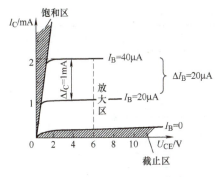
图 3-32 晶体管输入特性曲线

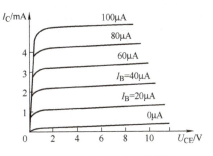
图 3-33 晶体管输出特性曲线

5. 晶体管的主要参数

（1）共发射极电流放大系数 HFE　是指在没有交流信号输入时，共发射极电路输出的集电极直流电流与基极输入的直流电流之比。这是衡量晶体管有无放大作用的主要参数，正常晶体管的 HFE 应为几十至几百。

（2）共发射极交流放大倍数 β　共发射极电路中，集电极电流和基极输入电流的变化量之比称为共发射极交流放大倍数。当晶体管工作在放大区小信号运用时，HFE=β，晶体管的放大倍数 β 一般在 10～200 倍之间。β 越小，表明晶体管的放大能力越差，但 β 太大的晶体管有可能工作稳定性不稳定。

常用的晶体管的外壳上标有不同颜色的色标点，以表明不同的放大倍数 β。
① 放大倍数（负号表示反向放大）：-15、-25、-40、-55、-80、-120、-180、-270、-400。
② 色标点：棕、红、橙、黄、绿、蓝、紫、灰、白、黑。
例如色标点为黄色的晶体管的 β 是 40～55 倍之间，色标点是灰色的晶体管的放大倍数 β 为 180～270 倍之间等。

（3）特征频率　晶体管的放大倍数 β 会随着工作信号频率的升高而下降，频率越高，下降越严重。特征频率就是 β 下降到 1 时的频率。也就是说，当工作信号的频率升高到特征频率时，晶体管就失去了交流电流的放大能力。特征频率的大小反映了晶体管频率特性的好坏。在高频电路中，要选用特征频率较高的晶体管，要求特征频率一般比电路工作频率高 3 倍以上。

（4）集电极最大允许电流　晶体管的 β 在集电极电流过大时也会下降。β 下降到额定值的 2/3 或 1/2 时的集电极电流为集电极最大允许电流。晶体管工作时的集电极电流最好不要超过集电极最大允许电流。

（5）集电极最大允许耗散功率 P_{cM}　晶体管工作时，集电极电流通过集电结要耗散功率，耗散功率越大，集电结的温升就越高，根据晶体管允许的最高温度，定出集电极最大允许耗散功率。小功率晶体管的集电极最大允许耗散功率在几十至几百 mW 之间，大功率晶体管的最大允许耗散功率在 1W 以上。

6. 晶体管的识别

要认识晶体管首先要了解晶体管的命名方法。各国对晶体管的命名规则不同，我国晶体管的型号一般由五个部分组成，见表 3-15。国内晶体管型号命名举例如图 3-34 所示。国外部分公司及产品代号见表 3-16。

表 3-15 国内晶体管的型号命名方式

第一部分		第二部分		第三部分		第四部分	第五部分
用数字表示器件电极的数目		用字母表示器件的材料和极性		用字母表示器件的类型			
符号	意义	符号	意义	符号	意义	用数字表示序号	用字母表示规格号
3	晶体管	A	PNP 型、锗材料	X	低频小功率		
		B	NPN 型、锗材料	G	高频小功率		
		C	PNP 型、硅材料	D	低频大功率		
		D	NPN 型、硅材料	A	高频大功率		
		E	化合物材料				

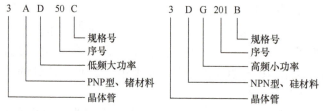

图 3-34 国内晶体管型号命名举例

表 3-16 国外部分公司及产品代号

公司名称	代号	公司名称	代号
美国无线电公司（RCA）	CA	美国悉克尼特公司（SIC）	NE
美国国家半导体（NS）	LM	日本电气股份有限公司（NEC）	uPC
美国摩托罗拉公司（MOTO）	MC	日本日立公司（HITACHI）	RA
美国仙童半导体公司（FS）	uA	日本东芝公司（TOSHIBA）	TA
美国德州仪器公司（TI）	TL	日本三洋公司（SANYO）	LA、LB
美国模拟器件公司（ADI）	AD	日本松下公司（PANASONIC）	AN
美国英特矽尔半导体有限公司（ISIL）	IC	日本三菱公司（MITSUBISHI）	M

7. 晶体管的检测

（1）类型及基极的判别　晶体管的三个引脚的作用不同，工作时不能相互代替。用万用表判别的方法是：将万用表置于"R×1kΩ"档，用万用表的黑表笔接晶体管的某一引脚（假设它是基极），用红表笔分别接另外的两个引脚。如果表针两次指示的电阻值都很小（或很大），则黑表笔所接的引脚就是基极，且此晶体管为 NPN 型（或 PNP 型）。如果表针两次指示的阻值一个很大，一个很小，那么黑表笔接的引脚肯定不是晶体管的基极，要换另一个引脚再检测，如图 3-35 所示。

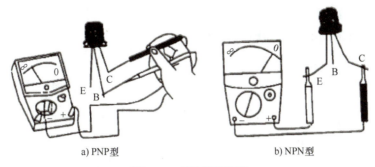

a) PNP型   b) NPN型

图 3-35　晶体管的检测

（2）集电极 C 和发射极 E 的判别　找出了基极 B，另外两个电极哪个是集电极 C，哪个是发射极 E？使用万用表的黑、红两个表笔颠倒两次测量 C、E 间的正、反向电阻 R_{CE} 和 R_{EC}，虽然两次测量中万用表指针偏转角度都很小，但仔细观察，总会有一次偏转角度稍大。对于 NPN 型晶体管，此时黑表笔所接的一定是集电极 C，红表笔所接的一定是发射极 E；对于 PNP 型晶体管则刚好相反，此时黑表笔所接的是发射极 E，红表笔所接的是集电极 C。

（3）判断硅管和锗管　利用硅管 PN 结与锗管 PN 结正、反向电阻的差异，可以判断未知型号的晶体管是硅管还是锗管。用万用表的"R×1kΩ"档，测发射极与基极间和集电极与基极间的正向电阻值，硅管在 3～10kΩ 之间，锗管在 500Ω～1kΩ 之间。上述极间的反向电阻值，硅管一般大于 500kΩ，锗管一般大于 1000kΩ。

（4）测量晶体管的直流放大倍数　将万用表的功能选择开关调到 HFE 处，一般还需调零，把晶体管的三个电极正确放到万用表的面板上的四个小孔中 PNP（P）或 NPN（N）的 E、B、C 处，这时万用表的指针会向右偏转，在表头内部的刻度盘上 HFE 的指示数，即是所测晶体管的直流放大倍数。

3.2.3　场效应晶体管的识别与检测

场效应晶体管具有输入电阻高、噪声小、功耗低、安全工作区域宽、受温度影响小等优点，特别适用于要求高灵敏度和低噪声的电路。场效应晶体管和晶体管都能实现信号的控制和放大，但由于它们的结构和工作原理截然不同，所以二者的差别很大。晶体管是一种电流控制元件，而场效应晶体管是一种电压控制器件。

1. 场效应晶体管的分类

场效应晶体管可分为结型场效应晶体管（JFET）和绝缘栅型场效应晶体管（MOSFET）两大类。结型场效应晶体管因有两个 PN 结而得名；绝缘栅型场效应晶体管则因栅极与其他电极完全绝缘而得名。结型场效应晶体管又分为 N 沟道和 P 沟道两种，绝缘栅型场效应晶体管除有 N 沟道和 P 沟道之分外，还有增强型与耗尽型之分。常见场效应晶体管的分类如图 3-36 所示。

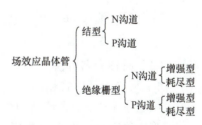

图 3-36　常见场效应晶体管的分类

2. 场效应晶体管的图形符号

场效应晶体管的图形符号如图 3-37 所示。

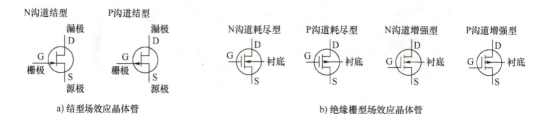

a) 结型场效应晶体管　　　　　　　　b) 绝缘栅型场效应晶体管

图 3-37　场效应晶体管的图形符号

3. 场效应晶体管的特点

（1）场效应晶体管是单极性晶体管　场效应晶体管靠多子导电，晶体管中运动的只是一种极性的载流子，晶体管既利用多子，又利用少子。由于多子浓度不易受外因的影响，因此在环境变化较强烈的场合，采用场效应晶体管比较合适。

（2）场效应晶体管的输入阻抗特别高　场效应晶体管适用于高输入电阻的场合。场效应晶体管的噪声系数小，适用于低噪声放大器的前置级。

4. 场效应晶体管的主要参数

（1）开启电压 U（MOSFET）　通常将刚刚形成导电沟道、出现漏极电流 I_D 时对应的栅-源极电压称为开启电压，用 $U_{GS(th)}$ 或 U_T 表示。开启电压 U_T 是 MOSFET 增强型的参数。当栅-源极电压 U_{GS} 小于开启电压的绝对值时，场效应晶体管不能导通。

（2）夹断电压 U_p（JFET）　当漏-源极电压 U_{DS} 为某一固定值（如 10V），使 I_D 等于某一微小电流（如 50mA）时，栅-源极间加的电压即为夹断电压。当 $U_{GS}=U_p$ 时，漏极电流为零。

（3）饱和漏极电流 I_{DSS}（JFET）　饱和漏极电流 I_{DSS} 是在 $U_{GS}=0$ 的条件下，场效应晶体管发生预夹断时的漏极电流。I_{DSS} 是结型场效应晶体管所能输出的最大电流。

（4）直流输入电阻 R_{GS}　漏-源极短路，栅-源极加电压时，栅-源极之间的直流电阻是 R_{GS}。

结型的 $R_{GS}>10^7\Omega$；绝缘栅型的 $R_{GS}>10^9 \sim 10^{15}\Omega$。

（5）跨导 g_m　漏极电流的微变量与栅-源极电压微变量之比，即 $g_m=\Delta I_D/\Delta U_{GS}$。它是衡量场效应晶体管栅-源极电压对漏极电流控制能力的一个参数。g_m 相当于晶体管的 HFE。

（6）最大漏极功耗 P_D　$P_D=U_{DS}\times I_D$，相当于晶体管的集电极最大允许耗散功率 P_{CM}。

5. 场效应晶体管的识别

（1）两种命名方法

1）与普通晶体管相同。

第三位字母：J 表示结型场效应晶体管；O 表示绝缘栅场效应晶体管；

第二位字母：D 表示 P 型硅 N 沟道；C 表示 N 型硅 P 沟道。

例如：3DJ6D 表示结型 N 沟道场效应晶体管；3DO6C 表示绝缘栅型 N 沟道场效应晶体管。

2）采用"CS"+"××#"形式。
CS 表示场效应晶体管；
×× 表示以数字代表型号的序号；
表示同一型号中的不同规格。
例如：CS16A、CS55G。

（2）外形引脚识别　目前常用的结型场效应晶体管和绝缘栅型场效应晶体管的引脚排列顺序如图 3-38 所示。

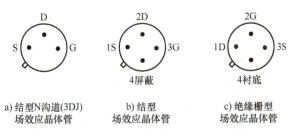

a) 结型N沟道(3DJ)　　b) 结型　　　　　c) 绝缘栅型
　场效应晶体管　　　 场效应晶体管　　　 场效应晶体管

图 3-38　场效应晶体管的引脚排列顺序

6. 场效应晶体管的检测

场效应晶体管因输入电阻高，栅–源极电容非常小，感应少量电荷就会在极间电容上形成相当高的电压（$U=Q/C$），损坏管子。所以，出厂时，各引脚绞合在一起，短接各引脚（不用时，也应短接）。可以使用指针式万用表来对场效应晶体管进行检测。

（1）电极的判别　根据 PN 结正、反向电阻的不同，判别结型场效应晶体管的 G 极、D 极、S 极。

方法一：万用表置"R×1kΩ"档，任选两个电极，分别测出它们之间的正、反向电阻，若正、反向电阻相等，则该两极为漏极（D）和源极（S），余下的是栅极（G）。

方法二：万用表的黑表笔接一个电极，另一表笔依次接触其余两个电极，测其电阻。若两次测得的电阻近似相等，则黑表笔接的是 G 极，余下的两个为 D 极和 S 极。若两次测得的电阻均很大，则说明测的是反向 PN 结，可判定是 N 沟道场效应晶体管；若电阻均很小，即是正向 PN 结，可判定是 P 沟道场效应晶体管。

（2）放大倍数的测量　将万用表置"R×1kΩ"或"R×100Ω"档，两表笔分别接触 D 极和 S 极，并用手靠近或接触 G 极，此时指针右摆，摆动幅度越大，表示放大倍数越大。

对于 MOSFET 型管，为防止栅极击穿，一般在 G 极与 S 极间接一几兆欧的大电阻，然后按上述方法测量。

（3）判别 JFET 的好坏　检查两个 PN 结的单向导电性，PN 结正常，晶体管是好的，否则为坏的。测漏–源极的电阻 R_{DS}，应为几千欧；若 $R_{DS} \to 0$ 或 $R_{DS} \to \infty$，则晶体管已坏。测 R_{DS} 时，用手靠近 G 极，表针应明显摆动，幅度越大，场效应晶体管的性能越好。

（4）数字式万用表检测场效应晶体管　利用数字式万用表不仅能判别场效应晶体管的电极，还可以测量场效应晶体管的放大系数。将数字式万用表调至"HFE"档，场效应晶体管的 G、D、S 极分别插入"HFE"档。测量插座的 B、C、E 孔中（N 沟道型插入

NPN 插座中，P 沟道型插入 PNP 插座中），此时，显示屏上会显示一个数值，这个数值就是场效应晶体管的放大系数；若电极插错或极性插错，则显示屏将显示为"000"或"1"。

任务实施

3.2.4 万用表检测常用电子器件

1. 二极管和晶体管的识别与检测

（1）所需器材　不同类型、规格的二极管和晶体管若干，指针式万用表和数字式万用表各 1 个。

（2）实施步骤

1）观看样品，熟悉各种二极管、晶体管的外形、结构、封装及标志；

2）列出所给二极管、晶体管的类别、型号、主要参数；

3）用万用表判别二极管的电极和质量好坏，并将所用万用表的型号、档位及测得二极管的正、反向电阻值读数记录于表 3-17 中；

4）用万用表判别晶体管的引脚、类型，并用万用表的"HFE"档位测晶体管的电流放大倍数，记录于表 3-18 中。

表 3-17　二极管测量记录表

器件类别	正向电阻	反向电阻	万用表档位	质量好坏

表 3-18　晶体管测量记录表

器件型号	各引脚间的电压	晶体管类型	晶体管材料	万用表档位	质量好坏

2. 场效应晶体管的识别与检测

（1）所需器材　各种类型、不同规格的新场效应晶体管若干；指针式万用表 1 只；数字式万用表 1 只。

（2）实施步骤

1）识读实验台上各种类型的场效应晶体管，并将直观识别各项数据记录在表 3-19 中；

2）用万用表对电路板上的场效应晶体管进行在线检测，并将各项测量数据记录在

表 3-20 中；

3）用万用表对场效应晶体管进行离线检测，并分析比较在线与离线检测的结果。

表 3-19　场效应晶体管直观识别记录表

序号	场效应晶体管外形	场效应晶体管型号	场效应晶体管材料	场效应晶体管类型	备注

表 3-20　场效应晶体管测量记录表

序号	场效应晶体管型号	管型（结型、绝缘栅型）	漏-源极正向电阻	漏-源极反向电阻	栅-源极电阻	质量判断

任务考评

任务单

姓名		班级		成绩		工位	
任务要求	1）二极管的识别与检测 2）晶体管的识别与检测 3）场效应晶体管的识别与检测 4）遇到问题时小组进行讨论，可让教师参与讨论，通过团队合作解决问题							
	任务完成结果（故障分析、存在问题等）							注意事项
	任务步骤： 结论与分析： 心得总结：							
评阅教师					评阅日期			

（续）

考核细则

根据职业资格标准、学习过程、实际操作情况、学习态度等多方面进行考核，可分为自我评价、组内互评、教师评价。得分说明：自我评价占总分的30%，组内互评占总分的30%，教师评价占总分的40%

基本素养（20分）

序号	考核内容	分值	自我评价	组内互评	教师评价	小计
1	签到情况、遵守纪律情况（无迟到、早退、旷课）、团队合作	6				
2	安全文明操作规程（关教室灯等）	7				
3	按照要求认真打扫卫生（检查不合格记0分）	7				

理论知识（30分）

序号	考核内容	分值	自我评价	组内互评	教师评价	小计
1	二极管的结构、符号、型号命名、特性曲线、主要参数	10				
2	晶体管的结构、外形、符号、分类、输入/输出曲线、电流放大作用及主要参数	10				
3	场效应晶体管的结构、符号、特点、分类、主要参数	10				

技能操作（50分）

序号	考核内容	分值	自我评价	组内互评	教师评价	小计
1	二极管的识别与检测	10				
2	晶体管的识别与检测	20				
3	场效应晶体管的识别与检测	20				
	总分	100				

◀ 课后习题 ▶

1）如何用万用表判别二极管的极性？
2）晶体管有何用途？
3）晶体管有哪些性能参数？
4）如何用万用表判别晶体管的引脚和质量好坏？
5）场效应晶体管有何应用？有哪些主要的性能参数？
6）如何用万用表检测场效应晶体管的极性和好坏？

任务3.3　集成电路、开关与接插件的识别与检测

知识目标

1）掌握集成电路的种类、作用与识别方法；
2）掌握各种集成电路的主要参数；

项目3　常用电子元器件的识别与检测

3）熟悉各种开关的外形、规格和用途；
4）熟悉各种接插件的外形、规格和用途。

能力目标

1）能用目视法判断、识别常见集成电路的类型，能说出各种集成电路的名称；
2）会用万用表对集成电路进行正确测量，并判断其质量的好坏；
3）掌握万用表检测开关器件的方法；
4）掌握万用表检测各种接插件的方法。

素养目标

1）培养学生精益求精的工作精神；
2）培养学生团结协作的职业精神；
3）培养学生科学严谨的工作作风。

实施流程

实施流程的具体内容见表3-21。

表3-21　实施流程的具体内容

序号	工作内容	教师活动	学生活动	学时
1	布置任务	1）通过职教云、在线课程平台公告、微信下发预习通知 2）通过在线论坛收集、分析学生疑问 3）通过职教云设置考勤	1）接受任务，明确电子元件识别与检测的工作内容 2）在线学习资料，参考教材和课件完成课前预习 3）反馈疑问 4）完成职教云签到	4学时
2	知识准备	1）讲解集成电路的类型、封装、常用模拟数字集成电路型号、应用场合及识别、检测方法 2）讲解开关的类型、作用和识别、检测方法 3）讲解常用接插件的类型、作用及识别、检测方法	1）学习集成电路和开关接插件的类型、封装、型号和作用 2）熟悉常见的集成电路、开关和接插件的外形及识别方法 3）学习万用表检测集成电路、开关和接插件的方法	
3	任务实施	1）教师下发任务单 2）督导学生完成	1）按照任务要求与教师演示过程，学生分组完成任务单 2）师生互动，讨论任务实施过程中出现的问题 3）完成任务书	
4	任务考评	1）按具体评分细则对学生进行评价 2）采用过程性考核方式，通过学生学习全过程的表现，教师给出综合评定分数	按具体评分细则进行自我评价、组内互评	

任务描述 》》》》

随着人类社会的不断发展与进步，各种各样的高新技术应运而生，集成电路作为20世纪60年代的新技术，至今造福人类，而且得到了很好的发展。在当今的信息时代，信息技术已经渗透到了国民经济的各个领域，人们在日常生活中感受到信息技术所带来的方便与快捷。信息技术的基础是微电子技术，而集成电路正是微电子技术的核心，是整个信息产业和信息社会的根本基础。集成电路在现代生活中拥有不可动摇的地位，它已经与人们的日常生活紧紧相连了。

知识准备 》》》》

3.3.1 集成电路的识别与检测

集成电路是一种采用特殊工艺，将晶体管、电阻器、电容器等元器件集成在硅片上而形成的具有特定功能的器件，其英文全称是 Integrated Circuit，缩写为 IC，俗称芯片。集成电路能执行一些特定的功能，如放大信号或存储信息。集成电路体积小、功耗低、稳定性好，是衡量一个电子产品是否先进的主要标志之一。

1. 集成电路的类型和封装

（1）类型　集成电路按功能可分为模拟集成电路和数字集成电路。模拟集成电路主要有运算放大器、功率放大器、集成稳压电路、自动控制集成电路和信号处理集成电路等；数字集成电路按结构不同可分为双极型和单极型电路。其中，双极型电路有 DTL、TTL、ECL、HTL 等，单极型有 JFET、NMOS、PMOS、CMOS 四种。

集成电路还可按集成度高低分为小规模（SSI）、中等规模（MSI）、大规模（LSI）及超大规模（VLSI）四类。

1）小规模 IC（SSI）：指单块基片上包含 10～100 个元件或 10 个逻辑门以下的集成电路；

2）中等规模 IC（MSI）：指单块基片上包含 100～1000 个元件，或 10～100 个逻辑门的集成电路；

3）大规模 IC（LSI）：指单块基片上包含 10^3～10^5 个元件，或 100～5000 个逻辑门的集成电路；

4）超大规模 IC（VLSI）：指单块基片上包含 10^5 个以上元件，或超过 5000 个逻辑门的集成电路。

（2）封装形式　封装形式根据安装半导体集成电路芯片用的外壳的材料不同而不同。外壳起着安装、固定、密封、保护芯片等方面的作用。芯片上的接点用导线连接到外壳的引脚上，这些引脚又通过印制电路板（PCB）上的导线与其他元器件相连接。衡量一个芯片封装技术先进与否的重要指标是芯片面积与封装面积之比，这个比值越接近 1 越好，常见的封装形式如图 3-39 所示。

集成电路的封装材料及外形有多种，常用的封装材料有金属、陶瓷和塑料三种类型。

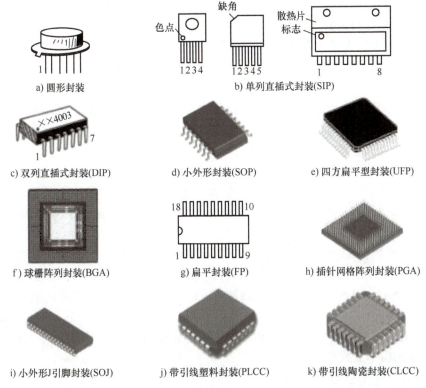

图 3-39 集成电路常见的封装形式

1）金属封装。金属封装的特点是散热性好，可靠性高，但安装使用不方便，且成本高。一般高精密度集成电路或大功率器件均以此形式封装。按国家标准有 T 和 K 型两种。

2）陶瓷封装。陶瓷封装的特点是散热性差，但体积小、成本低。陶瓷封装的形式可分为扁平型和双列直插式。

3）塑料封装。塑料封装的特点是安装使用方便，成本低，因此使用较为广泛，但其耐热性差。

集成电路引脚的识别

2. 常用模拟集成电路

模拟集成电路按用途可分为集成运算放大器、集成稳压器、集成功率放大器。

（1）集成运算放大器 集成运算放大器是一种高放大倍数的直流放大器，也可说是一种高电压增益、高输入电阻和低输出电阻的多级耦合放大器。因为工作在放大区时，输入与输出呈线性关系，所以集成运算放大器又被称为线性集成电路。

集成运算放大器一般由输入级、中间级、输出级、偏置电路四部分组成。

1）输入级：差分放大电路，利用其对称性提高整个电路的共模抑制比；

2）中间级：电压放大级，可提高电压增益，可由一级或多级放大电路组成；

3）输出级：由互补对称电路或射极跟随器组成，可降低输出电阻，提高带负载能力；

4）偏置电路：为上述各级电路提供稳定和合适的偏置电流，决定各级静态工作点。

常用集成运算放大器如下：

1）单集成运算放大器：μA741、NE5534、TL081、LM833。

2)双集成运算放大器：μA747、LM358、NE5532、TL072、TL082。

3)四集成运算放大器：LM324、TL084。

在双集成运算放大器（四集成运算放大器）中，除电源外，两组（四组）集成运算放大器相互独立。集成运算放大器有两个输入端，一个输出端。同相输入端用"+"表示，反向输入端用"−"表示。

（2）集成稳压器　集成稳压器又称稳压电源，有多端可调式、三端固定式、三端可调式及单片开关式集成稳压器，常用的是三端集成稳压器，即三端固定式及三端可调式稳压器。

1)三端固定式稳压器。三端固定式稳压器的输出电压为固定值，不能调节。常用产品为78××和79××系列，78××输出正电压，79××输出负电压，有5V、6V、9V、12V、15V、18V、24V七种不同的输出电压档，输出电流分1.5A（78××）、0.5A（78M××）、0.1A（78L××）三种。

2)三端可调式稳压器。可输出连续可调的直流电压。常见产品有：××117、××217M、××317L，输出连续可调的正电压，可调范围1.2～37V，最大输出电流分别是1.5A、0.5A、0.1A；××137/×237/××337，输出连续可调的负电压，可调范围1.2～37V。

（3）集成功率放大器　分为小功率放大器（LM386）、大功率放大器（TDA2616/Q）、"傻瓜"型集成功率放大器。

3. 常用数字集成电路

数字集成电路主要用来处理与存储二进制信号（数字信号），可归纳为两大类：一种为组合逻辑电路，用于处理数字信号，称为逻辑IC；另一种为时序逻辑电路，具有时序与记忆功能，并需要由时钟信号驱动，主要用于产生或存储数字信号。

目前最常用的数字集成电路主要有TTL电路和CMOS电路两大系列，其主要电路参数见表3-22。

表3-22　数字集成电路参数

系列	子系列	名称	型号	功耗	工作电压/V
TTL系列	TTL	普通系列	54/74	10mW	4.75～5.25
	LSTTL	低功耗TTL	54/74LS	2mW	
CMOS系列	CMOS	互补场效应晶体管型	40/45	1.25μW	3～8
	HCMOS	高速CMOS	74HC	2.5μW	2～6
	ACTMOS	先进的高速CMOS电路，其中"T"表示与TTL电平兼容	74ACT	2.5μW	4.5～5.5

1)TTL电路是用双极型晶体管为基本器件集成在一块硅片上制成的，主要有54（军用）系列/74（民用）系列：54/74××（标准型）、54/74LS××（低功耗肖特基二极管）、54/745××（肖特基二极管）、54/74ALS××（先进低功耗肖特基二极管）、54/74AS××（先进肖特基二极管）、54/74F××（高速）。

2)CMOS电路以单极型晶体管为基本器件制成。主要有4000系列、54/74HC×××

系列、54/74HCT×× 系列、54/74HCU×× 四大类。

数字集成电路的类型很多，常用的是门电路，常用的有与门、非门、与非门、或门、或非门、与或非门、异或门及施密特触发器等。

4. 集成电路的识别

（1）圆形封装　圆形封装将晶体管底部对准集成电路，从定位销开始顺时针读引脚序号（现应用较少）。

（2）单列直插式封装（SIP）　单列直插式封装以正面（印有型号、商标的一面）朝上，引脚朝下，以缺口、凹槽或色点作为引脚参考标记，引脚编号顺序一般从左到右排列。

（3）双列直插式封装（DIP）、扁平封装（FP）或四方扁平型封装（UFP）　其中双列直插式封装的一般规律是集成电路引脚朝上，以缺口或色点等标记为参考标记，引脚编号按顺时针方向排列；如果集成电路引脚朝下，以缺口或色点等标记为参考标记，则引脚按逆时针方向排列。

（4）三脚封装　三脚封装主要用于稳压集成电路，一般规律是正面（印有型号、商标的一面）朝上，引脚编号顺序为自左向右。

除此之外，也有一些引脚方向排列比较特殊的集成电路，它们主要是为 PCB 电路的排列对称方便而特别设计的，应引起注意。

5. 集成电路的检测

（1）在线检测　测量集成电路各引脚的直流电压，与标准值比较，判断集成电路的好坏。

在线检测集成电路各引脚的直流电压，为防止表笔在集成电路各引脚间滑动造成短路，可将万用表的黑表笔与直流电压的"地"端固定连接，方法是在"地"端焊接一段带有绝缘层的铜导线，将铜导线的裸露部分缠绕在黑表棒上，放在 PCB 的外边，防止与 PCB 上的其他地方连接。这样用一只手握住红表棒，找准欲测量集成电路的引脚，另一只手可扶住 PCB，保证测量时表笔不会滑动。

（2）脱机检测　测量集成电路各引脚间的直流电阻，与标准值比较，判断集成电路的好坏。若测得的数据与集成电路资料中的数据相符，则可判定集成电路是好的。

3.3.2　开关与接插件的识别与检测

开关是通过一定的动作完成电气连接和断开的元件，一般串接在电路中，实现信号和电能的传输和控制。

接插件是在两块 PCB 或两部分电路之间完成电气连接，实现信号和电能的传输和控制的元件。开关及接插件质量和性能的好坏直接影响到电子系统和设备的工作可靠性。

1. 开关的种类和作用

开关按驱动方式可分为手动和自动两大类；按应用场合可分为电源开关、控制开关、转换开关、行程开关等；按机械动作的方式可分为旋转式开关、按动式开关、拨动式开关等。

开关的主要作用是接通、断开和转换电路。

2. 开关的主要技术参数

（1）额定电压　正常工作状态下所能承受的最大直流电压或交流电压有效值。

（2）额定电流　正常工作状态下所允许通过的最大直流电流或交流电流有效值。

（3）接触电阻　对接触点连通时的电阻，一般要求≤20mΩ。

（4）绝缘电阻　不连通的各导电部分之间的电阻，一般要求>100MΩ。

（5）抗电强度（耐压）　不连通的各导电部分之间所能承受的电压，一般开关要求>100V，电源开关电压值要求≥500V。

（6）工作寿命　在正常工作状态下，一般开关的使用的次数为5000～10000次，高可靠性开关可达到$5×10^4$～$5×10^5$次。

3. 常见开关及其检测方法

（1）拨动开关及其检测方法　拨动开关是一种水平滑动换位开关，采用切入式咬合接触。拨动开关的检测方法：将万用表置于"R×1Ω"档，可测量各个引脚之间的通断情况。将万用表拨至"R×10kΩ"档，测量各引脚与铁制外壳之间的电阻值都应该为∞。

（2）直键开关及其检测方法　直键开关常在电子设备中用作波段开关声道转换、响度控制和电源开关。直键开关的外壳为塑料结构，内部每组触点的接触方式为单刀双掷式，即每组开关有3个触点，中间为刀位，两头触点为掷位。

直键开关又分为自复位式和自锁式两种。自复位式开关在工作时无须压下开关柄，因开关上的弹簧作用而能自动复位。自锁式开关设置了一个锁簧，当开关压下后，开关柄被锁簧卡住实现了自锁。要想开关复位，必须再次压下开关柄。这种直键开关也有多只联动的形式，当按下其中一只开关时，其余的开关均复位。直键开关的两排引脚是互相独立的，且对应排列，每3个引脚为一组。其检测方法与拨动开关一样，但需要进行分组检测。

（3）导电橡胶开关及其检测方法

1）导电橡胶开关的特点：导电橡胶是一种特殊的导电材料，主要用在电视机的遥控器和电子计算器中作按键开关。每个按键就是一小块导电橡胶，再用绝缘性能好的橡胶把它们连成一体。导电橡胶的特点是各个方向的导电性能基本相同。

2）导电橡胶开关的检测：用万用表"R×10kΩ"档在导电橡胶的任意两点间测量时均应该呈现导通状态，如测得的阻值很大或为无穷大，则说明该导电橡胶已经失效。

（4）薄膜按键开关及其检测方法

1）薄膜按键开关的特点：薄膜按键开关又称薄膜开关、平面开关或轻触开关，它是近年来流行的一种集装饰与功能为一体的新型开关。与传统的机械开关相比，它具有结构简单、外形美观、密闭性好、性能稳定、寿命长等优点，被广泛使用于用单片机进行控制的电子设备中。薄膜开关分为软性薄膜开关和硬性薄膜开关两种类型。

薄膜按键开关采用16键标准键盘，为矩阵排列方式，有8根引出线，分成行线和列线。

2）薄膜按键开关的检测：检测时，将万用表置于"R×10Ω"档，两支表笔分别接一个行线和一个列线，当用手指按下该行线和列线的交点键时，测得的电阻值应为零。当松开手指时，测得的电阻值应为无穷大。再将万用表置于"R×10kΩ"档，不按薄膜开关上的任何键，保持全部按键均处于抬起状态。先把一支表笔接在任意一根线上，用另一支表笔依次接触其他的线，循环检测，可测量各个引线之间的绝缘情况。在整个检测过程中，万用表的指针都应停在无穷大位置上不动。如果发现某对引出线之间的电阻值不是无穷大，则说明该对引出线之间有漏电性故障。

4. 接插件的种类

接插件又称连接器，通常由插针（又称公插头）和插座（又称母插头）组成。

1）按工作的频率不同，接插件可分为低频接插件和高频接插件。低频接插件通常是指工作频率在100MHz以下的连接器，高频连接器是指工作频率在100MHz以上的连接器。

对高频接插件在结构上要考虑到高频电场的泄漏和反射等问题。高频接插件一般都采用同轴结构与同轴电缆相连接，所以也常称为同轴接插件。同轴接插件按其外形结构可分为圆形接插件、矩形接插件、PCB接插件、带状扁平排线接插件等。

2）按用途来分，有电源接插件（或称电源插头、插座）、耳机接插件（耳机插头、耳机插座）、电视天线接插件、电话接插件、PCB接插件、光纤电缆接插件等。

3）按结构形状来分，有圆形接插件、矩形接插件、条形接插件、IC接插件、带状电缆接插件等。

5. 接插件的作用

接插件主要用于在电子设备的主机和各部件之间进行电气连接，或在大功率的分立元器件与PCB之间进行电气连接，这样便于整机的组装和维修。

理想的接插件应该接触可靠，具有良好的导电性、足够的机械长度、适当的插拔力和很好的绝缘性。插接点的工作电压和额定电流应当符合标准，满足电气要求。

6. 常用接插件

（1）圆形接插件　圆形接插件也称航空插头插座，它有一个标准的锁紧机构，接地点的数目从两个到上百个不等。其插拔力较大，连接方便，抗震性好，容易实现防水密封及电磁屏蔽等特殊要求。该元件适用于大电流连接，额定电流可以从1A到数百安，一般用于不需要经常插拔的PCB之间或整机设备之间实现电气连接。

（2）矩形接插件　矩形排列能充分利用空间，所以被广泛应用于机内互连。当其带有外壳或锁紧装置时，也可用于机外电缆与面板之间的连接。

（3）PCB接插件　为了便于PCB的更换和维修，在几块PCB之间或在PCB与其他部件之间的连接经常采用此接插件，其结构形式有簧片式和针孔式。簧片式接插件的基体用高强度酚醛塑料压制而成，孔内有弹性金属片，这种结构比较简单，使用方便。针孔式接插件可分为单排和双排两种，插座装焊在PCB上，引线数目为2～100，在小型仪器中常用于PCB的对外连接。

（4）带状扁平排线接插件　带状扁平排线接插件常用于低电压、小电流的场合，适用于微弱信号的连接，多用于计算机中实现主板与其他设备之间的连接。带状扁平排线接插件是由几十根以聚氯乙烯为绝缘层的导线并排粘合在一起的，它占用空间小，轻巧柔韧，布线方便，不易混淆。带状电缆的插头是电缆两端的连接器，它与电缆的连接是靠压力使连接端上的刀口刺破电缆的绝缘层实现电气连接，其识别简单可靠。电缆的插座部分直接焊接在 PCB 上。

（5）万能线路板　万能线路板是一种便于随意拆装元件和导线的线路板，特别适用于产品试制和学生实验。这种万能线路板上有许多类似面包中的小孔，所以万能线路板又被称为面包板。与焊接元件相比，在万能线路板上插拔元件非常方便。

面包板也是一种特殊的接插件，其有多种型号，主要有 A 式、B 式两种结构。

1）A 式插座板。A 式插座板由两行 64 排的弹性接触簧构成，每个簧片有 5 个触孔，这 5 个小孔在电气上是互连的，触孔之间及簧片之间均为双列直插式集成电路的标准距离，适合于插入各种双列直插式集成电路。当集成电路插入两行簧片之间时，其他空余的插孔可提供与集成电路各引脚的输入、输出或并联连接。

A 式插座板上下各有两排双行的插孔是提供接入电源及地线用的。每排插孔内部互相连通，这对于需要多电源供电的线路试验提供了很大的方便。A 式插座板可同时插入 8 块 14 脚或 16 脚双列式集成电路。

2）B 式插座板。B 式插座板的结构是一种适用于扁平集成电路的万能线路板。它中间有两排孔是用于焊接扁平集成电路的，当然也适用于有 14 条引脚的其他电路。B 式插座板上下两排焊孔可接电源的正极和负极，其他各行的焊点可焊接分离元件和连接线，在 B 式插座板上还有 1、5、10、15、20、24 等数字，是各排焊接点的焊点号，以便使用者在电路原理图上标注号码，使得在焊接时不至于漏焊，在检测时也不至于漏检。

（6）集成电路插座　集成电路插座是专为双列直插式集成电路设计的。将集成电路插座固定焊接在 PCB 上，再将集成电路插入插座中，这样，在检测和更换集成电路时就非常方便。集成电路插座是专用的一种接插件。

7. 开关及接插件的检测

对开关及接插件的检测，一般采用外表直观检查和万用表测量检查两种方法。通常的做法是先进行外表直观检查，然后再用万用表进行检测。

（1）外表直观检查　这种方法用来检查接插件及开关是否有引脚相碰、引线断裂的现象。若外表检查无上述现象且需进一步检查时，再采用万用表进行检测。

（2）用万用表进行检测　这种方法是用万用表的欧姆档对接插件的有关电阻进行测量。对接插件的连通点测量标准是：其连通电阻值应小于 0.5Ω，否则认为接插件接触不良。对接插件的断开点测量标准是：其断开电阻值应为无穷大，若断开电阻接近零，说明断开点有相碰现象。

检测方法：将万用表置于"$R \times 10\Omega$"档，两支表笔分别接接插件的同一根导线的两个端头，测得的电阻值应为零。若测得的电阻值不为零，说明该导线有断路故障或多股导线中大多数导线断开。再将万用表置于"$R \times 10k\Omega$"档，两支表笔分别接接插件的任意两个端，可测量两个端的导线之间的绝缘情况。在检测过程中，万用表的指针都应停在无穷大位置上不动。如果发现某两个端头之间的电阻不是无穷大，则说明两个端之间的导线有局部短路故障。

任务实施

3.3.3 万用表检测集成电路、开关及接插件

1. 集成电路的识别与检测

（1）所需器材　不同类型、规格的集成电路若干，指针式万用表和数字式万用表各1个。

（2）实施步骤

1）从外观识别集成电路的种类、型号、封装及引脚顺序等；

2）用万用表检测集成电路的质量好坏，并将检测结果记录于表3-23中。

表3-23　集成电路测量记录表

序号	集成电路类别	型号	封装形式	质量好坏

2. 开关、接插件的识别与检测

（1）所需器材　不同类型、规格的开关、接插件若干，指针式万用表和数字式万用表各1个。

（2）实施步骤

1）从外观识别开关、接插件的种类；

2）用万用表检测开关、接插件的质量好坏，并将检测结果记录于表3-24中。

表3-24　开关、接插件测量记录表

类别	种类	质量好坏
开关		
接插件		

任务考评

任务单

姓名		班级		成绩		工位	
任务要求		1）集成电路的识别与检测 2）开关的识别与检测 3）接插件的识别与检测 4）遇到问题时小组进行讨论，可让教师参与讨论，通过团队合作解决问题					

任务完成结果（故障分析、存在问题等）	注意事项
任务步骤： 结论与分析： 心得总结： 	
评阅教师： 评阅日期：	

(续)

考核细则						
根据职业资格标准、学习过程、实际操作情况、学习态度等多方面进行考核，可分为自我评价、组内互评、教师评价。得分说明：自我评价占总分的30%，组内互评占总分的30%，教师评价占总分的40%						
基本素养（20分）						
序号	考核内容 || 分值	自我评价	组内互评	教师评价	小计
1	签到情况、遵守纪律情况（无迟到、早退、旷课）、团队合作 || 6				
2	安全文明操作规程（关教室灯等） || 7				
3	按照要求认真打扫卫生（检查不合格记0分） || 7				
理论知识（30分）						
序号	考核内容 || 分值	自我评价	组内互评	教师评价	小计
1	集成电路的分类、封装和应用场合 || 10				
2	开关的种类、作用、主要参数 || 10				
3	常用接插件的种类、作用和应用 || 10				
技能操作（50分）						
序号	考核内容 || 分值	自我评价	组内互评	教师评价	小计
1	集成电路的识别与检测 || 20				
2	开关的识别与检测 || 15				
3	接插件的识别与检测 || 15				
总分				100			

课后习题

1）集成电路按功能分成哪两类？

2）三端集成稳压器有哪些系列？

3）功率放大器有哪几类？各有什么特点？

4）TTL和CMOS电路有什么区别？在一个数字电路中能否同时运用这两种集成电路？

5）开关可分为哪几大类？分别用于什么场合？

6）常用的接插件有哪些？各有何特点？

7）怎样用万用表检测开关和接插件的质量？

项目 4　焊接技能训练

知识目标

1）了解常规电子电路焊接工艺与焊接安全知识；
2）了解常用焊接工具和材料；
3）掌握常用焊接工具和材料的使用方法；
4）掌握常用直插元器件的焊接方法。

能力目标

1）会使用常用的焊接工具；
2）能正确掌握不同焊接工具的使用方法；
3）能检测虚焊；
4）培养学生发现问题、思考问题、解决问题的能力。

素养目标

1）培养学生认真负责的工作态度；
2）培养学生团队合作意识。

实施流程

实施流程的具体内容见表 4-1。

表 4-1　实施流程的具体内容

序号	工作内容	教师活动	学生活动	学时
1	布置任务	1）通过职教云、在线课程平台公告、微信下发预习通知 2）通过在线论坛收集、分析学生疑问 3）通过职教云设置考勤	1）接受任务，明确安全用电工作内容 2）在线学习资料，参考教材和课件完成课前预习 3）反馈疑问 4）完成职教云签到	4 学时
2	知识准备	1）展示常用焊接工具 2）讲解常用工具的使用方法 3）讲解常规的插件、贴片的焊接方法	1）学习焊接安全知识 2）熟悉焊接工艺常识 3）学习焊接方法	

（续）

序号	工作内容	教师活动	学生活动	学时
3	任务实施	1）教师下发任务单 2）督导学生完成	1）按照任务要求与教师演示过程，学生分组完成任务单 2）师生互动，讨论任务实施过程中出现的问题 3）完成任务书	4学时
4	任务考评	1）按具体评分细则对学生进行评价 2）采用过程性考核方式，通过学生学习全过程的表现，教师给出综合评定分数	按具体评分细则进行自我评价、组内互评	

任务描述

随着科学技术的不断发展，电子技术的地位越来越重要。焊接技术是电子技术发展中不可或缺的一部分，电子产品的焊接、装配、检验等都需要专门的设备、工具。本项目将从最基础的焊接工具和焊接材料入手，介绍常用的焊接工具及焊接技术，并且完成灯光控制电路焊接。

焊接技能训练

知识准备

4.1 常用焊接工具和焊接材料

焊接是连接各元器件及导线的主要手段，焊接工具是电子产品焊接过程中必不可少的工具。下面先认识常用的焊接工具和焊接材料。

1. 电烙铁

电烙铁是电子制作和电器维修的必备工具，主要用途是焊接元器件及导线，按机械结构可分为内热式电烙铁和外热式电烙铁，按功能可分为直热式电烙铁、感应式电烙铁和吸锡式电烙铁，根据用途不同又分为大功率电烙铁和小功率电烙铁。其中内热式电烙铁是手工焊接中最常用的焊接工具。

（1）内热式电烙铁 内热式电烙铁由烙铁心、烙铁头、连接杆、手柄、接线柱和电源等部分组成。内热式电烙铁的常用功率规格为20W、50W等。由于它的热效率高，功率20W的内热式电烙铁就相当于功率40W左右的外热式电烙铁。内热式电烙铁的后端是空心的，用于套接在连接杆上，并且用弹簧夹固定，当需要更换烙铁头时，必须先将弹簧夹退出，同时用钳子夹住烙铁头的前端，慢慢地拔出，切记不能用力过猛，以免损坏连接杆。内热式电烙铁如图4-1所示。

（2）外热式电烙铁 外热式电烙铁是由合金烙铁头、烙铁心、套筒、隔热层、耐高温手柄、电源线、插头及紧固螺钉等部分组成，其结构如图4-2所示。外热式电烙铁的功率规格很多，常用的有25W、45W、75W、100W等，功率越大烙铁头的温度也就越高。

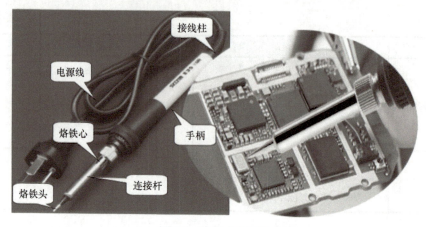

图 4-1 内热式电烙铁

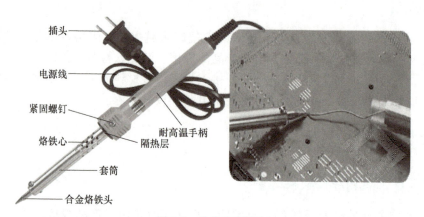

图 4-2 外热式电烙铁

外热式电烙铁的烙铁头和烙铁心的结构与内热式电烙铁不同：烙铁心安装在烙铁头外面，称为外热式电烙铁；烙铁心安装在烙铁头里面，因而发热快，热利用率高，称为内热式电烙铁，两种电烙铁的结构如图 4-3 所示。

（3）智能电烙铁　随着科学技术的发展，焊接工具越来越智能化、便携化，常用到的智能电烙铁有恒温电烙铁、充电电烙铁等。

智能电烙铁内部采用高居里温度条状的 PTC 恒温发热元件，配设紧固导热结构。特点是优于传统的电热丝烙铁心，升温迅速、节能、工作可靠、寿命长、成本低。智能电烙铁如图 4-4 所示。

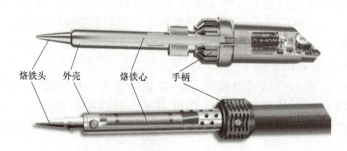

图 4-3 内热式电烙铁与外热式电烙铁的结构

a) 恒温电烙铁　　　　b) 充电电烙铁

图 4-4　智能电烙铁

电烙铁的使用方式和维护与电烙铁的使用寿命、焊接质量有直接关系，电烙铁常规使用步骤与维护方法如图 4-5 所示。电烙铁使用时需要先上电预热，然后上助焊剂、上锡、焊接，如果烙铁头在焊接过程中沾上杂质，需在海绵上清理干净。不用时冷却收起防止烫伤。为更好地维护电烙铁，可在使用结束、清理过后重新上锡，以保护烙铁头不被氧化。

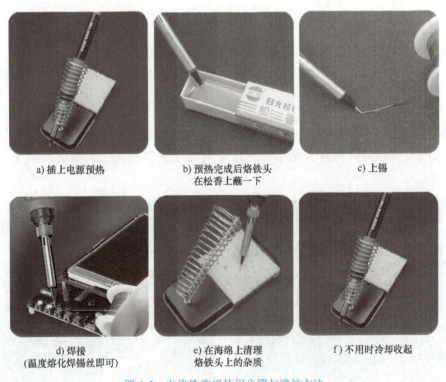

a) 插上电源预热　　　b) 预热完成后烙铁头　　　c) 上锡
　　　　　　　　　　在松香上蘸一下

d) 焊接　　　　　　e) 在海绵上清理　　　　f) 不用时冷却收起
（温度熔化焊锡丝即可）　烙铁头上的杂质

图 4-5　电烙铁常规使用步骤与维护方法

2. 烙铁头

烙铁头是电烙铁不可或缺的一部分，主要分为尖头、刀头、马蹄头、扁头四种。

（1）尖头烙铁头

1）特点：烙铁头尖端细小，形状修长，能在焊点周围有较高的元器件或焊接空间狭窄的焊接环境中灵活操作，实物图如图 4-6 所示。

2）应用范围：适合使用在细密焊接，或焊接空间狭小的情况，也可以修正焊接芯片时产生的锡桥。

（2）刀头烙铁头

1）特点：烙铁头尖端呈刀形，使用刀形部分焊接，实物图如图4-7所示。

2）应用范围：点焊或者拖焊均可，适用于SOJ、PLCC、SOP、QFP、电源接地部分元件，修正锡桥、连接器等焊接。

图4-6　尖头烙铁头

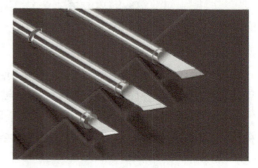

图4-7　刀头烙铁头

（3）马蹄头烙铁头

1）特点：用烙铁头前端斜面部分进行焊接，实物图如图4-8所示。

2）应用范围：适合需要多锡量的焊接，例如焊接面积大、粗端子、焊点大的焊接环境。

（4）扁头烙铁头

1）特点：用批嘴部分进行焊接，实物图如图4-9所示。

2）应用范围：适合需要多锡量的焊接，例如焊接面积大、粗端子、焊点大的焊接环境。

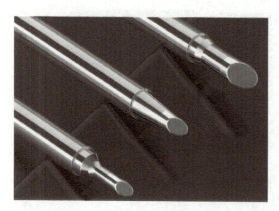

图4-8　马蹄头烙铁头

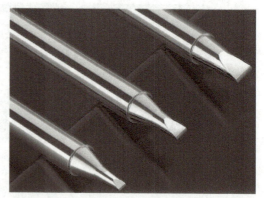

图4-9　扁头烙铁头

烙铁头的保养：

1）需先加热至250℃，然后整个工作面上涂一层锡，防止干烧，或烧黑氧化；

2）工作结束后，降温到250℃，在海绵上擦干净烙铁头，上一层新锡。

3. 热风焊台

热风焊台根据结构可分为数显热风焊台和旋钮热风焊台，根据功能还可分为热风枪和热风枪拆焊台。热风焊台是现在手工焊接最常用的拆焊工具之一，常见热风焊台如图 4-10 和图 4-11 所示。

图 4-10　数显热风焊台

图 4-11　旋钮热风焊台

热风焊台可实现热风加热的功能，可拆焊多种贴片元器件，可实现热收缩、热能测试、烘干、除漆、除粘、预热、胶焊接等功能。元器件的焊接、拆焊如图 4-12 和图 4-13 所示。

图 4-12　元器件焊接

图 4-13　元器件拆焊

4. 吸锡器

维修拆卸零件需要使用吸锡器，尤其是大规模集成电路更为难拆，拆不好容易破坏电路，造成不必要的损失，因此吸锡器在手动焊接中非常重要。手动吸锡器主要由吸嘴、腔体、凸点按钮、胶柄活塞组成，实物图如图 4-14 所示。吸锡器的使用步骤如图 4-15 所示。

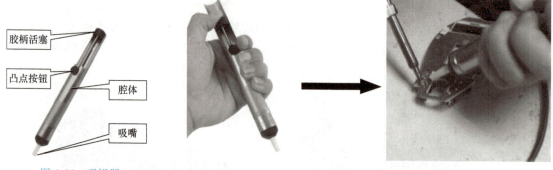

图 4-14 吸锡器　　　　　　　　图 4-15 吸锡器的使用步骤

> **吸锡器拆焊步骤：**
> 1）把吸锡器的滑杆用手压下，听到"咔"的一声，表示滑杆被固定住了；
> 2）用电烙铁加热焊点至焊接材料熔化；
> 3）移开电烙铁，把吸锡嘴卡在焊点上面，不要留有缝隙，按下回弹按钮；
> 4）焊接材料吸干净后，拿开电烙铁和吸锡器。

5. 钳子

（1）斜口钳　斜口钳又名"斜嘴钳"，由斜头、刀口和钳柄组成。钳柄的套管绝缘额定电压为 500V。斜口钳的主要功能是剪切细小的导线及焊接后的线头，适用于线径较细的单股、多股导线。对于线径超过 2.5mm 的单股铜线，剪切起来比较费劲，且容易损坏斜口钳的刀口。斜口钳主要用于剪切导线，以及元器件的多余引线，常用来代替一般剪刀剪切绝缘套管、尼龙扎带等，还可剥去导线的绝缘外皮。斜口钳如图 4-16a 所示，常见用途演示如图 4-16b～e 所示。

a) 斜口钳

b) 剪切针脚　　c) 剪切导线　　d) 剪切引线头　　e) 剪切尼龙扎带

图 4-16 斜口钳及用途

（2）剥线钳　剥线钳如图4-17a所示，由刀口、压线口和钳柄组成。钳柄上绝缘套管的额定电压为500V。它是内线电工、电动机维修、仪器仪表电工、嵌入式焊接人员常用的工具之一，主要功能是用来剥去线缆导线绝缘层。剥线钳使用时要根据导线的粗细型号选择剥线刀口，将准备好的导线放到剥线钳的刀刃中间，选择好剥线的长度，握住剥线钳手柄，将导线夹住，缓缓用力使电缆外表皮慢慢剥落。最后松开手柄，取出导线。剥线演示如图4-17b所示。

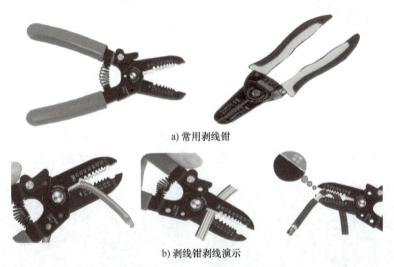

a) 常用剥线钳

b) 剥线钳剥线演示

图4-17　常用剥线钳及其剥线演示

（3）尖嘴钳　尖嘴钳如图4-18a所示，由尖头、刀口和钳柄组成。钳柄的套管绝缘额定电压为500V。尖口钳在电子产品制作中经常用到其头部尖而长，适合在狭小的环境中夹持轻巧的工件或线材。带刀口的尖嘴钳不但可以剪切较细线径的单股与多股线，还可以用来剥开塑料绝缘层。电工使用的尖嘴钳的柄部应套塑料管绝缘层。尖嘴钳可用于常规的绞线、压线、剥线，如图4-18b所示。

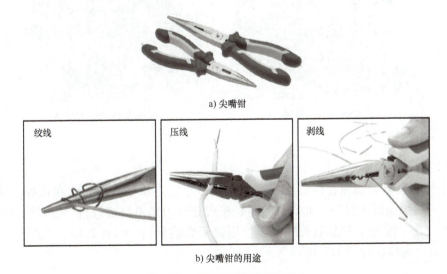

a) 尖嘴钳

b) 尖嘴钳的用途

图4-18　尖嘴钳及尖嘴钳的用途

6. 镊子

如图 4-19 所示为常用的几款镊子，有尖头、平头、弯头之分。镊子是手工焊接的常用的工具之一，在电子产品焊接中主要用来夹住导线、元器件等，防止它们在焊接时移动；用来摄取微小元器件；在装配件上缠绕较细的线材。

a) 直头镊子　　　　b) 弯头镊子　　　　c) 圆头镊子

图 4-19　常用镊子

镊子主要用于电路板焊接与维修、精密零器件维修、手机配件焊接与维修、集成电路焊接与维修等方面，能够有效防止静电对电路造成的伤害，如图 4-20 所示。

a) 电路板焊接与维修　　　　b) 精密零部件维修

c) 手机配件焊接与维修　　　　d) 集成电路焊接与维修

图 4-20　镊子的常用用途

7. 焊接材料

焊接材料是易熔金属，熔点低于被焊金属，它的作用是在熔化时在被焊金属表面形成合金，将被焊金属连接到一起。焊接材料按成分分为锡铅焊接材料、银焊接材料、铜焊接材料等。在一般电子产品装配中主要使用锡铅焊接材料，俗称焊锡，如图 4-21a 所示，图 4-21b 所示为焊锡使用示意图。

a) 焊锡实物图　　　　　　　　　　b) 焊锡使用示意图

图 4-21　焊锡实物图及使用示意图

金属表面同空气接触后通常会生成一层氧化膜，温度越高，氧化越厉害。氧化膜会影响焊接点合金的形成，没有去掉氧化膜就直接进行焊接，容易出现虚焊、假焊等现象。助焊剂就是用于清除氧化膜的一种专用材料，能去除被焊金属表面氧化物与杂质，增强焊接材料与金属表面的活性，提高焊接材料的浸润能力，提高焊接速度。常用助焊剂有锡膏、松香、焊粉等，如图 4-22 所示。

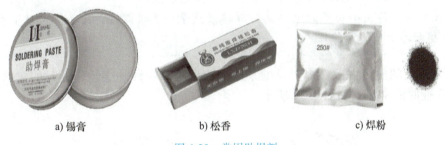

a) 锡膏　　　　　　b) 松香　　　　　　c) 焊粉

图 4-22　常用助焊剂

4.2　手工焊接工艺

1. 手工焊接的基本操作方法

手工焊接看似简单，但其中却包含很多技巧，如电烙铁的握法、送锡方法和焊接方法等都有一定的技巧。

焊接的基本原则是先小后大，先低后高，先里后外，先轻后重。

（1）电烙铁的握法　电烙铁的握法有反握法、正握法和握笔法三种，三种握法如图 4-23 所示。

1）反握法：用五指把电烙铁的手柄握在掌内。反握法的动作稳定，长时间操作不易疲劳，适于大功率电烙铁的操作。

2）正握法：用五指把电烙铁的手柄握在掌内。与反握法不同的是，使用正握法时烙铁头在小拇指侧。当使用体积较大的电烙铁时，一般使用正握法。

3）握笔法：用握笔的方法握住电烙铁的手柄。一般在操作台上焊接 PCB 上的焊件时，多采用这种握法。

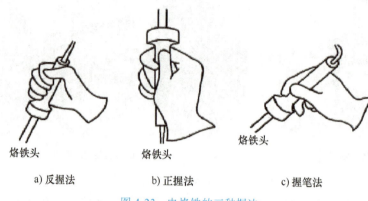

a) 反握法　　　　b) 正握法　　　　c) 握笔法

图 4-23　电烙铁的三种握法

> **电烙铁的三种握法：**
> 1）反握法：适用大功率电烙铁，焊接散热量较大的被焊件。
> 2）正握法：适用中功率的电烙铁或带弯头的电烙铁。
> 3）握笔法：适用小功率的电烙铁，焊接散热量小的被焊件，比如焊接收音机、电视机的印制电路板及其维修等。

（2）焊锡丝的使用方法　焊锡丝的拿法分为两种，一种是连续作业时的拿法，另一种是间断作业时的拿法，如图 4-24 所示。

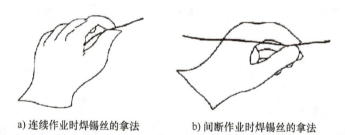

a) 连续作业时焊锡丝的拿法　　　b) 间断作业时焊锡丝的拿法

图 4-24　焊锡丝的拿法

> **焊接操作的注意事项：**
> 1）焊锡丝成分中铅占一定比例，铅对人体有害，在操作时需戴手套或操作后洗手，避免误食。
> 2）焊剂加热时挥发出来的化学物质对人体有害，在操作时鼻子距离烙铁头太近，易将有害气体吸入。鼻子与烙铁头的距离一般不小于 30cm，以 40cm 为宜。
> 3）使用电烙铁配置烙铁架，一般放置在工作台右前方，电烙铁在使用后，必须稳妥地放于烙铁架上，并注意导线等物不能碰到烙铁头。

（3）电烙铁加热焊件的方法　用电烙铁焊接元器件时怎样才能在最短的时间内使几种金属的温度以同一速度上升，达到良好的焊接效果？这就需要注意加热时电烙铁和元器件的接触方法。烙铁头和元器件接触的几种正确和错误的方法如图4-25所示。

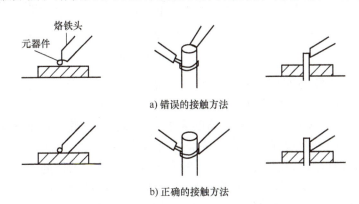

图4-25　烙铁头和元器件错误与正确的接触方法

（4）焊锡熔化的方法　焊接过程中熔化焊锡也有一定的技巧和方法，熔化焊锡的方法如图4-26所示。先加热引线，方法如图4-26a所示。然后送焊锡丝，熔化焊锡丝，图4-26b所示为先将焊锡丝放在元器件引线上，然后将烙铁头放在焊锡丝上。该方法最适合焊接小型元器件。

图4-26　熔化焊锡的方法

2. 元器件安装

（1）元器件引线成形　元器件引线成形在手工焊接中也是一个关键步骤，购买元器件时其引线的形状是固定的，一般不能满足焊接需求，为了方便地将元器件插到PCB上，提高插件效率，需要在焊接之前对元器件引线进行加工，也就是元器件引线成形，如图4-27所示。

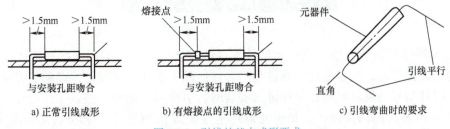

图4-27　引线的基本成形要求

垂直插装的元器件引线也要进行成形处理，不能强行安装，成形形状如图4-28所示。

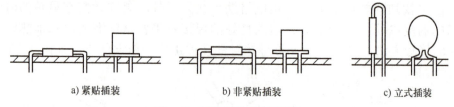

图 4-28 引线的基本成形形状

（2）PCB 上元器件的安装　元器件的安装是一道工艺和工序，除了对于安装的元器件排列是否整齐美观产生影响外，更重要的是安装元器件的方式正确与否会直接影响 PCB 的安装质量，所以安装元器件有严格的要求。元器件的实物安装如图 4-29 所示。

① 元器件安装的一般规则：元器件安装应遵循先小后大、先低后高、先里后外、先易后难、先片式元器件后通孔元器件、先一般元器件后特殊元器件的基本原则。

② 对于电容器、晶体管等立式插装元器件，应保留适当长的引线。

③ 元器件引线穿过焊盘后应保留 2～3mm 的长度，以便沿着印制导线方向将其弯曲固定。

④ 安装水平插装的元器件时，标记号应向上，且方向一致，以便观察。功率小于 1W 的元器件可贴近 PCB 平面插装，功率较大的元器件要求个体距离 PCB 平面 2mm，便于元器件散热。

⑤ 插装体积、重量较大的大容量电解电容器时，应采用胶黏剂将其底部粘在 PCB 上或用加橡胶衬垫的办法。

⑥ 插装 CMOS 集成电路、场效应晶体管时，操作人员须防止元器件被静电击穿。

⑦ 元器件的引线直径与 PCB 焊盘孔径应有 0.2～0.3mm 的间隙。

图 4-29 元器件的实物安装

一般元器件的插装方法：根据元器件本身的安装方式，可采用立式或卧式安装。安装各种电子元器件时，应将标注元器件型号和数值的一面朝上或朝外，以利于焊接和检修时查看元器件型号数据。元器件采用卧式安装时，引线尽可能短一些。

直立式插装又称垂直插装，是将元器件垂直装置在 PCB 上，其特点是装配密度大、便于拆卸，但机械强度较差，元器件的一端在焊接时受热较多。各元器件的垂直插装如图 4-30 所示。

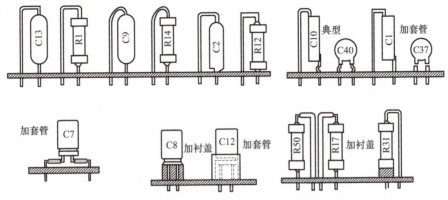

图 4-30　各元器件的垂直插装

水平式插装也称卧式插装，其优点是机械强度高，元器件的标记字迹清楚，便于查对维修，适用于结构比较宽裕或者装配高度受到一定限制的地方，缺点是占据 PCB 的面积大。电阻器的卧式插装如图 4-31 所示。

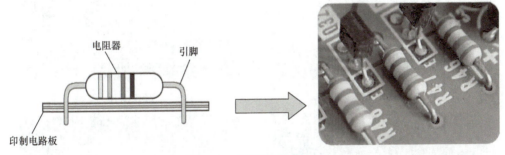

图 4-31　电阻器的卧式插装

元器件主要的焊接方式包括穿焊、钩焊和搭焊，如图 4-32 所示。穿焊是指将被焊元器件穿入其他元器件的导孔里再加锡焊接。例如插件电容、电阻、绝缘线材等。勾焊是指将需焊的元器件穿入到其他元器件孔内并弯勾成形后加锡焊接。例如变压器线、开关线等。搭焊是指将被焊元器件直接搭附到其他元器件上加锡焊接。例如绝缘线材、背焊电阻电容等。

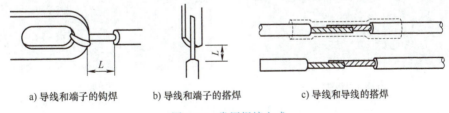

a) 导线和端子的钩焊　　b) 导线和端子的搭焊　　c) 导线和导线的搭焊

图 4-32　常用焊接方式

3. 元器件焊接

电子产品的手工锡焊接操作方法可分为两种，一种是五步焊接法，另一种是三步焊接法。

（1）五步焊接法　掌握好电烙铁的温度和焊接时间，选择恰当的烙铁头和焊点的接触位置，才可能焊出良好的焊点。正确的焊接操作过程可以分为五个步骤，如图4-33所示。

1）准备施焊：准备好焊锡丝和电烙铁。左手拿焊锡丝，右手握电烙铁，进入备焊状态。要求烙铁头保持干净，无焊渣等氧化物，并在表面镀一层焊锡，做好焊前准备。

2）加热焊件：烙铁头靠在两焊件的连接处，加热整个焊件，时间为1～2s。对于在PCB上焊接元器件来说，要注意使烙铁头同时接触焊盘和元器件的引线。注意让烙铁头的扁平部分（较大部分）接触热容量较大的焊件。在烙铁头的侧面或边缘部分接触热容量较小的焊件，以保持焊件均匀受热。

3）移入焊接材料：将焊锡丝从元器件引脚和电烙铁接触面处引入；焊锡丝熔化时，掌握进线速度；当锡散满整个焊盘时，拿开焊锡丝；焊锡丝不能直接靠在烙铁头上，以防止助焊剂烧黑；整个上锡时间为1～2s。注意不要把焊锡丝送到烙铁头上。

4）移开焊锡丝：在熔化一定量的焊锡丝后，立即向左上方45°方向将焊锡丝移开。

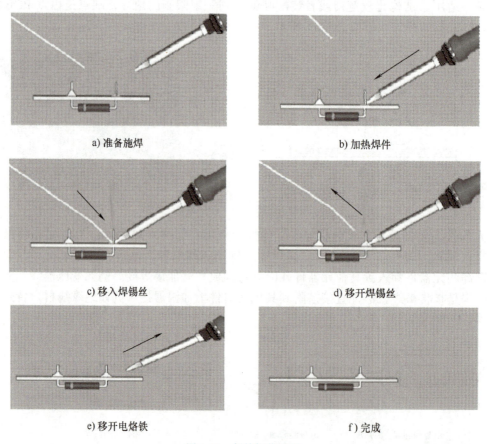

图4-33 焊接操作过程

5）移开电烙铁：焊锡丝浸润焊盘和施焊部位以后，向右上方45°方向移开电烙铁，结束焊接。

对于吸收低热量的焊件而言，上述整个过程不过2～4s，各步骤的节奏控制，顺序的准确掌握，动作的熟练协调，都是要通过大量的练习并用心体会才能解决的问题。

焊锡具备的五个基本条件：
1）被焊件必须具备可焊性。
2）被焊金属表面应保持清洁。
3）使用合适的助焊剂。
4）具有适当的焊接温度。
5）具有合适的焊接时间。

（2）三步焊接法　三步焊接法又可称为带锡焊接法，正确的焊接操作过程可以分为三个步骤，如图4-34所示。

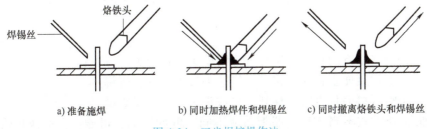

a) 准备施焊　　b) 同时加热焊件和焊锡丝　　c) 同时撤离烙铁头和焊锡丝

图4-34　三步焊接操作法

1）准备施焊：将烙铁头接触待焊元器件的焊点，将上锡的烙铁头沿45°的方向贴紧被焊元器件引线进行加热，使其升温。

2）同时加热焊件和焊锡丝：在待焊元器件两侧分别触及电烙铁和焊锡丝，等待元器件加热，同时熔化适量焊锡丝。

3）同时撤离烙铁头和焊锡丝：当焊接材料完全浸润焊点之后迅速拿开电烙铁和焊锡丝，焊锡丝移开的时间应略早于电烙铁或者是和电烙铁同时移开，而不得迟于电烙铁移开的时间，否则焊点温度下降，焊锡凝固焊锡丝粘连在焊点上，导致焊接不成功。

五步焊接操作法是焊接的基础操作步骤，相较于五步焊接操作法，三步焊接操作法在焊接过程中速度更快，节省操作时间，对于初学者，推荐先使用五步焊接操作法，操作熟练后再使用三步焊接操作法。焊接时对于热容量大的元器件必须使用五步焊接操作法。

注意： 初学者在焊接时，一般将电烙铁在焊接处来回移动或者用力挤压，这种方法是错误的。正确的方法是用电烙铁的搪锡面接触焊接点，这样操作传热面积大，焊接速度快。

（3）移开电烙铁的方式　为确保焊接质量，电烙铁的移开方式很有讲究，如图4-35所示。

① 烙铁头以斜上方45°方向移开，这种方式可使焊点圆滑，烙铁头只能带走少量焊锡；

② 烙铁头垂直向上移开，这种方式容易造成焊点拉尖，烙铁头带走少量焊锡；

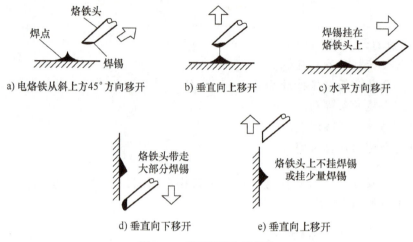

图 4-35 移开烙铁头的方式

③ 烙铁头以水平方向移开，这种方式烙铁头可带走大部分焊锡；

④ 烙铁头沿焊接面垂直向下移开，烙铁头带走大部分焊锡；

⑤ 烙铁头沿焊接面垂直向上移开，烙铁头只带走少量焊锡。

烙铁头移开方式不当会对电路板造成不同程度的影响，可能会：造成焊锡过少从而引起虚焊或是连接不上；造成拉尖，产生信号干扰；产生气泡、堆积等情况，造成不良焊接。烙铁头移开方式不当会使电路硬件达不到想要的效果甚至出现电路短接、断路等情况，如图 4-36 所示。

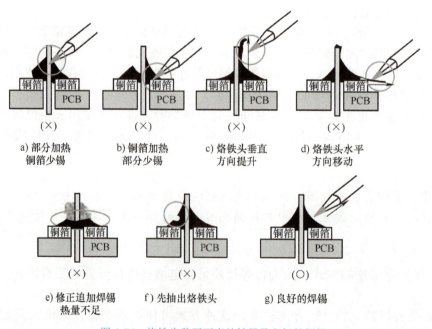

图 4-36 烙铁头移开不当的结果及良好的焊锡

4. 焊点质量及检查

标准的焊点应呈正弦波峰形状，表面应光亮圆滑，无锡刺，锡量适中光亮，锡和被焊物融合牢固，不应有虚焊和假焊。如图 4-37 所示。但是初学者开始焊接时，有可能出现焊点上带毛刺或者焊点成蜂窝状等情况。

造成虚焊的主要原因是：焊锡质量差；助焊剂的还原性不良或用量不够；被焊接处表面未预先清洁好，镀锡不牢；烙铁头的温度过高或过低，表面有氧化层；焊接时间掌握不好，太长或太短；焊接中焊锡尚未凝固时，焊接元器件松动。手工焊接常见的焊点缺陷及原因见表 4-2。

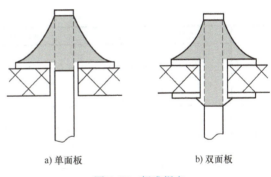

a) 单面板   b) 双面板

图 4-37　标准焊点

表 4-2　手工焊接常见的焊点缺陷及原因

序号	缺陷类型	缺陷分析	缺陷图示
1	焊接材料过多	从外观来看，焊接材料过多使焊点呈蒙古包形状，这种焊点容易造成引脚桥接，且浪费焊接材料。原因是焊锡丝移开过迟	
2	焊接材料过少	其特点是焊面未形成平滑面，其危害是机械强度不够容易造成假焊。原因是焊锡丝移开过早	
3	桥接	相邻导线连接，造成电器短路。其最主要原因是焊接材料过多或者烙铁头移开方向不当	
4	不对称	焊锡没流满焊盘会导致不对称，最大的危害是机械强度不足。原因是焊接材料的流动性不好，助焊剂不足或质量差，加热不足	
5	拉尖	出现尖端，外观不佳，容易造成桥接现象。其原因是助焊剂过少，加热时间过长，烙铁头移开方向不对	
6	表面粗糙	表面粗糙为过热所致，焊点表面发白，无金属光泽。表面粗糙容易造成焊盘脱落且强度降低，原因是电烙铁功率过大或加热时间过长	
7	松动	完成焊接后，导线和元器件引线可挪动，这种现象容易造成假焊。产生的原因是焊锡未凝固前引线挪动造成空隙	
8	松香焊	焊盘缝隙中有松香渣的情况容易引起焊盘强度不足，导通不良，电路有可能时通时断。其原因是助焊剂过多或者失效，焊接时间不足，加热不够	

（续）

序号	缺陷类型	缺陷分析	缺陷图示
9	浮焊	焊点剥落，浮在焊盘上（主要是焊锡与焊盘没有焊接上）。浮焊现象的产生易引起短路，其原因是焊盘镀层不牢	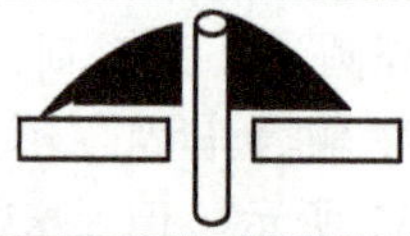
10	气泡	引线有喷火式焊接材料隆起，内部藏有空洞，这种现象暂时不影响导通，但时间久了会引起导通不良	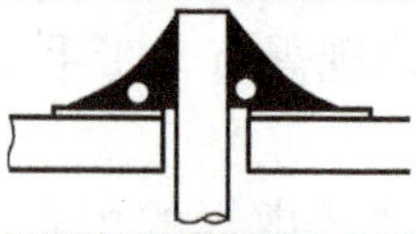
11	针孔	目测或放大镜下可见针孔，这样的焊点强度不足，容易腐蚀。其原因主要是焊盘孔与引线间隙太大或是焊接材料不足	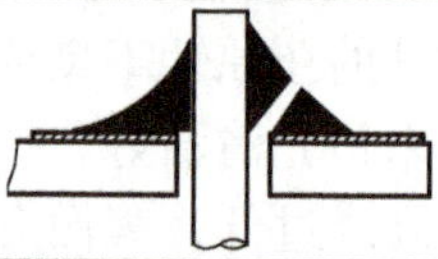

任务实施

4.3 在 PCB 上焊接灯光控制电路

1. 实训目的

通过对实用电路的组装焊接，体验电子产品的制造生产过程，进一步熟悉手工焊接技术，培养学生的责任感及团队合作精神。

2. 所需器材

功率在 20W 的内热式电烙铁、5cm×7cm PCB 1 块、松香酒精溶液 1 瓶。电路所需元器件见表 4-3。

表 4-3 元器件清单

元器件名称	规格型号	数量
电阻器	100Ω	2
电容器	0.01μF	1
电位器	470kΩ	1
光敏电阻	GL4526	1
发光二极管	ϕ5mm 高亮	2
集成电路	NE555	1
DIP 插座	8P	1

3. 实训内容与步骤

（1）焊前处理与准备

① 对所有元器件进行引脚成形及镀锡处理。

② 检查 PCB，看有无锈蚀、铜箔起皮、通孔短路桥接等现象，如可焊性不好，则必须用细砂纸打磨光亮并涂上松香酒精溶液。

③ 根据所给元器件数量、种类，设计元器件在 PCB 上的安装位置。

（2）根据电路图焊接安装，原理图如图 4-38 所示

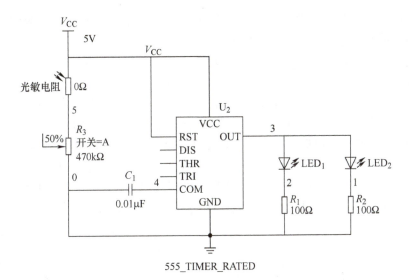

图 4-38　灯光控制电路原理图

① 电阻以贴板卧式安装，瓷片电容、光敏电阻立式安装，元件底端距板 2～3mm。
② 发光二极管立式安装在 PCB 边缘处，注意不要组装在和光敏电阻靠近的位置。
③ 电位器引脚较粗，如不能和插装孔较好配合，则需要对引脚或通孔做适当处理。
④ 全部元器件插装完毕，按图 4-39 所示灯光控制电路进行连线，使其形成一个实用的功能电路。

a) 元器件面

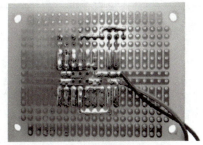
b) 焊接面

图 4-39　灯光控制电路焊接实物

（3）对比原理图检查焊接质量

【特别提示】
在对灯光控制电路进行连线时，应满足以下要求：
① 尽量利用 PCB 上原有的铜箔条和焊盘作为连接线，孔与相邻孔之间可以通过锡接走线法连接；如两个焊点之间相距较远，可用一根裸导线辅助连接，中间设若干个固定焊点。
② 元器件面不可出现悬浮的连接线，尽量使用短跳线或 0Ω 电阻。
③ 电源线端头要捻线、镀锡。

（4）通电调试　焊接完成后，经检查焊点合格、电路连接无误，再请指导教师确认、允许后，进行通电调试。

① 将组装在电路板上的两根电源线连接到直流稳压电源（+5V）上，注意正负极不要接错；一般电源正极用红线，负极用黑线，便于识别。

② 通电后，在有光处用小螺钉旋具仔细左右调节电位器，使 LED 处于亮与不亮的临界状态，然后用手或其他物体遮住光敏电阻的受光窗口，此时 LED 应发光；遮挡物移去时熄灭，电路正常工作。根据理论课学到的知识，小组内讨论电路的工作原理。

将本节 3 个实训任务的题目、目的、所用器材、内容、步骤以及实训过程中出现的问题及解决方案、实训完成情况、所用时间等分别如实填入任务考评。任务考评中还应有不少于 300 字的实训心得总结及自我评价、组内互评、教师评价。

任务考评

任务单

姓名		班级		成绩		工位	
任务要求	\multicolumn{7}{l}{1）识别、清点元器件 2）识图，掌握原理图工作原理 3）电路焊接，并通电调试 4）遇到问题时小组进行讨论，可让教师参与讨论，通过团队合作解决问题}
\multicolumn{7}{c}{任务完成结果（故障分析、存在问题等）}	注意事项
\multicolumn{7}{l}{任务步骤：}	
\multicolumn{7}{l}{结论与分析：}	
\multicolumn{7}{l}{心得总结：}	
评阅教师：				评阅日期：			

(续)

考核细则

根据职业资格标准、学习过程、实际操作情况、学习态度等多方面进行考核,可分为自我评价、组内互评、教师评价。
得分说明:自我评价占总分的30%,组内互评占总分的30%,教师评价占总分的40%

基本素养(20分)

序号	考核内容	分值	自我评价	组内互评	教师评价	小计
1	签到情况、遵守纪律情况(无迟到、早退、旷课)、团队合作	6				
2	安全文明操作规程(关教室灯等)	7				
3	按照要求认真打扫卫生(检查不合格记0分)	7				

理论知识(20分)

序号	考核内容	分值	自我评价	组内互评	教师评价	小计
1	焊接安全	4				
2	元器件识别	4				
3	灯光控制电路的工作原理	6				
4	焊接方法及步骤	6				

技能操作(60分)

序号	考核内容	分值	自我评价	组内互评	教师评价	小计
1	元器件插装	5				
2	元器件焊接	20				
3	焊点检测	10				
4	灯光控制电路通电调试	20				
5	焊接结束后进行6S管理	5				
	总分			100		

课后习题

1)电烙铁怎么保养?
2)焊接步骤有哪些?
3)分析8路抢答器的工作原理,如图4-40所示,简要叙述焊接过程。

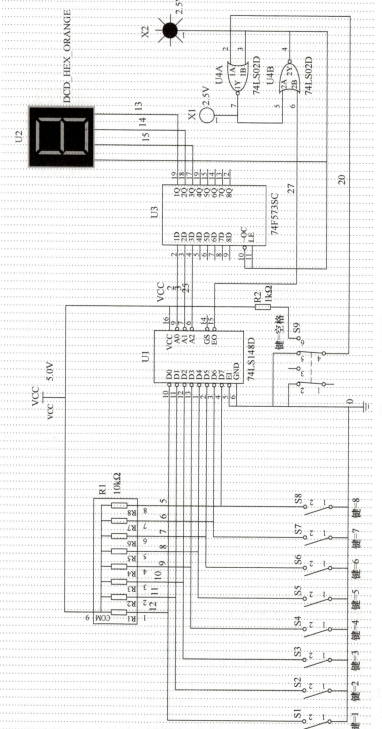

图4-40 8路抢答器

项目 5　电工电子线路的识读

任务 5.1　电工线路用图的识读

知识目标

1）了解电工线路用图的分类方法以及具体要求；
2）复习并熟练记忆常用电气元件文字符号和图形符号；
3）掌握电工线路识图的步骤和方法；
4）以星三角减压起动电路为载体，学会电气线路的识读技巧。

能力目标

1）能说出电工线路用图的分类方法；
2）能记忆并识别不同元件的文字符号和图形符号；
3）掌握电工线路识图的步骤和方法；
4）通过星三角减压起动电路实例，掌握电气线路的识读技巧；
5）培养学生线上使用职教云等在线课程平台的能力。

素养目标

1）培养学生主动探究学习的能力，培养学生对电工识图规范、认真负责的工作习惯；
2）从标准出发，教学过程中全面贯彻落实电气元件国家标准。

实施流程

实施流程的具体内容见表 5-1。

表 5-1　实施流程的具体内容

序号	工作内容	教师活动	学生活动	学时
1	布置任务	1）通过职教云、在线课程平台公告、微信下发预习通知 2）通过在线论坛收集、分析学生疑问 3）通过职教云设置考勤	1）接受任务，明确电工线路识读的内容 2）在线学习资料，参考教材和课件完成课前预习 3）反馈疑问 4）完成职教云签到	2学时
2	知识准备	1）讲解电工线路用图的分类 2）复习并熟练记忆常用电气元件的文字符号和图形符号 3）电工线路识读步骤和方法 4）以星三角减压起动电路为载体，学会电气线路识读技巧 5）明确任务要求，以及顺序流程	1）了解电工线路用图的分类 2）能识别常用电气元件的文字符号和图形符号 3）电工线路识读步骤和方法 4）学习电器线路识读技巧	
3	任务实施	1）教师下发任务单 2）督导学生完成	1）按照任务要求与教师演示过程，学生分组完成任务单 2）师生互动，讨论任务实施过程中出现的问题 3）完成任务书	
4	任务考评	1）按具体评分细则对学生进行评价 2）采用过程性考核方式，通过学生学习全过程的表现，教师给出综合评定分数	按具体评分细则进行自我评价、组内互评	

任务描述

看懂电气线路图是电工的基本功，作为一个初学者，怎样才能快速地看懂电气线路图？这需要在掌握一定的电气知识基本功的同时，了解一定的识图技巧和步骤。

知识准备

5.1.1　电工用图的分类及要求

1. 电工用图的分类

电工用图主要有系统原理图、电路原理图、安装接线图。

（1）系统原理图（方框图）　用较简单的符号或带有文字的方框，简单明了地表示电路系统的最基本结构和组成，直观表述电路中最基本的构成单元和主要特征及相互间关系。

（2）电路原理图（图 5-1）　电路原理图又分为集中式、展开式两种。集中式电路图中各元器件等均以整体形式集中画出，说明元器件的结构原理和工作原理。识读时需清楚了解图中继电器相关线圈、触点属于什么回路，在什么情况下动作，动作后各相关部分触点发生什么样变化。

展开式电路图在表明各元器件、继电器动作原理、动作顺序方面，较集中式电路图有其独特的优点。展开式电路图按元器件的线圈、触点划分为各自独立的交流电流、交流电压、直流信号等回路。凡属于同一元器件或继电器的电流、电压线圈及触点采用相同的文字。展开式电路图中对每个独立回路，交流按U、V、W相序；直流按继电器动作顺序依次排列。识读展开式电路图时，对照每一回路右侧的文字说明，先交流后直流，由上而下，由左至右逐行识读。集中式、展开式电路图互相补充、互相对照来识读更易理解。

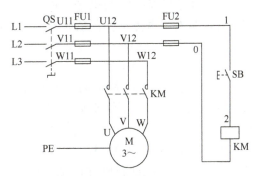

图 5-1　点动控制电路原理图

（3）安装接线图　安装接线图是以电路原理为依据绘制而成，是现场维修中不可缺少的重要资料。安装图中各元器件图形、位置及相互间连接关系与元器件的实际形状、实际安装位置及实际连接关系相一致。图中连接关系采用相对标号法来表示，如图5-2所示。

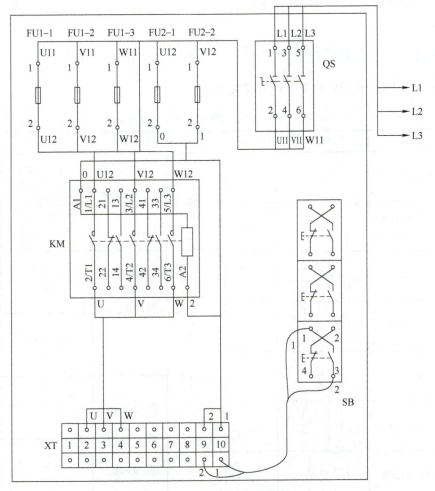

图 5-2　点动控制安装接线图

2. 电工用图的要求

1）学习掌握一定的电子、电工技术基本知识，了解各类电气设备的性能、工作原理，并清楚有关触点动作前后状态的变化关系。

2）对常用、常见的典型电路，如过流、欠压、过负荷、控制、信号电路的工作原理和动作顺序有一定的了解。

3）熟悉国家统一规定的电力设备的图形符号、文字符号、数字符号、回路编号规定通则及相关的国标。了解常见常用的外围电气图形符号、文字符号、数字符号、回路编号及国际电工委员会（IEC）规定的通用符号和物理量符号。

4）了解绘制二次回路图的基本方法。电气图中一次回路用粗实线画出，二次回路用细实线画出。一次回路画在图纸左侧，二次回路画在图纸右侧。由上而下先绘制交流回路，再绘制直流回路。同一电器中不同部分（如线圈、触点）不画在一起时用同一文字符号标注。对接在不同回路中的相同电器，在相同文字符号后面标注数字来区别。

5）电路中开关、触点位置均在"静止状态"绘制。所谓"静止状态"是指开关、继电器线圈在没有电流通过及无任何外力作用时触点的状态。通常说的动合、动断触点都指开关电器在线圈无电、无外力作用时是断开或闭合的，一旦通电或有外力作用时触点状态随之改变。

5.1.2 常见电工用图的符号

常用电工用图图形符号和文字符号见表5-2。

表5-2 常用电工用图图形符号和文字符号

类别	名称	图形符号	文字符号	类别	名称	图形符号	文字符号
开关	单极控制开关		SA	开关	控制器或操作开关		SA
	手动操作开关，一般符号		SA	接触器	选择器操作线圈		KM
	三极控制开关		QS		主触点		KM
	三极隔离开关		QS		辅助常开触点		KM
	三极负荷开关		QS		辅助常闭触点		KM
	组合开关		QS				
	低压断路器		QF				

（续）

类别	名称	图形符号	文字符号	类别	名称	图形符号	文字符号
热继电器	热元件		FR	接插件	插头和插座	或	X 插头 XP 和 插座 XS
	辅助常闭触点		FR	互感器	电流互感器		TA
时间继电器	通电延时线圈		KT		电压互感器		TV
	断电延时线圈		KT	位置开关	动合（常开）触点		SQ
	瞬时闭合的常开触点		KT		动断（常闭）触点		SQ
	瞬时断开的常闭触点		KT		复合触点		SQ
	延时闭合的常开触点		KT	按钮	起动按钮		SB
	延时断开的常闭触点		KT		停止按钮		SB
	延时复位的常闭触点		KT		复合按钮		SB
	延时复位的常开触点		KT		急停按钮		SB
电磁操作器	电磁铁的一般符号	或	YA		钥匙操作式按钮		SB
	电磁吸盘		YH	中间继电器	继电器线圈		KA
	电磁离合器		YC		动合（常开）触点		KA
	电磁制动器		YB		动断（常闭）触点		KA
	电磁阀		YV				
灯	信号灯（指示灯）		HL				
	照明灯		EL				

（续）

类别	名称	图形符号	文字符号	类别	名称	图形符号	文字符号
电流继电器	过电流继电器		KA	电动机	直流他励电动机		M
	欠电流继电器		KA		直流并励电动机		M
	常开触点		KA		直流串励电动机		M
	常闭触点		KA	发电机	发电机		G
电压继电器	过电压线圈		KV		直流测速发电机		TG
	欠电压线圈		KV	变压器	单相变压器		TC
	动合（常开）触点		KV		三相变压器		TM
	动断（常闭）触点		KV	速度继电器	速度继电器常开触点		KS
电动机	三相笼型异步电动机		M	压力继电器	压力继电器常开触点		KP
	三相绕线转子异步电动机		M	熔断器	熔断器		FU
				电感	电抗器		L

5.1.3 电工用图的识图方法和步骤

1. 识读电工用图的基本方法

（1）结合电工电子技术基础知识看图　在实际生产的各个领域中，所有电路（如输变配电、电力拖动、照明、电子电路、仪器仪表和家电产品等）都是建立在电工电子技术理论基础之上的。因此，要想迅速、准确地看懂电气图，必须具备一定的电工电子技术知识。例如三相笼型异步电动机的正转和反转控制，就利用了电动机的旋转方向由三相电源的相序来决定的原理，用倒顺开关或两个接触器进行切换，改变输入电动机的电源相序，从而改变电动机的旋转方向。

（2）结合电气元器件的机构和工作原理看图　在电路中有各种电气元器件，如配电电路中的负荷开关、断路器、熔断器、互感器、电表等；电力拖动电路中常用的各种继电器、接触器和各种控制开关等；电子电路中，常用的各种二极管、晶体管、晶闸管、电容器、电感器及各种集成电路等。因此在看电气图时，首先应了解这些电气元器件的性能、结构、工作原理、相互控制关系及在整个电路中的地位和作用。

（3）结合典型电路识图　典型电路就是常见的基本电路，如电动机的起动、制动、正反转控制、过载保护、时间控制、顺序控制、行程控制电路；晶体管的整流、振荡和放大电路；晶闸管的触发电路；脉冲与数字电路等。

不管多么复杂的电路，几乎都是由若干典型电路组成的。因此，熟悉各种典型电路，在看图时就能够迅速地分清主次，抓住主要矛盾，从而看懂较复杂的电路图。

（4）结合有关图纸说明看图　图纸说明表述了电气图的所有电气设备的名称及其数码代号，通过阅读说明可以初步了解该图有哪些电气设备。然后通过电气设备的数码代号在电路图中找到该电气设备，进一步找出相互连线、控制关系，就可以尽快读懂电气图，了解该电路的特点和构成。

（5）结合电气图制图要求看图　电气图的绘制有一些基本规则和要求，这些规则和要求是为了加强图纸的规范性、通用性和示意性而提出的。可以利用这些制图知识准确看图。制图基本知识包括以下几个方面：

① 在绘制电路图时，各种电气元器件都使用国家统一规定的文字符号和图形符号。

② 主电路部分用粗线画出，控制电路部分用细线画出。一般情况下，主电路画在左侧，控制电路画在右侧。

③ 展开式电路图中的电气各部分不画在一起，根据其作用原理分别绘出时，为了便于识别，用同一文字符号标注。

④ 对完成具有相同性质任务的几个电气元器件，在文字符号后加数字以示区别。

⑤ 电路中所有电气元器件都按"静止"状态绘制。

2. 电工用图的识图步骤

电工用图的识读通常有以下几个基本步骤。

（1）阅读设备说明书　阅读设备说明书，可以了解设备的机械结构、电气传动方式、电气控制要求；电动机和电气元器件的分布情况及设备的使用操作方法；各种按钮、开关、熔断器等的作用。

（2）阅读图纸说明　拿到图纸后首先要看图纸说明，搞清设计的内容和施工要求，就能了解图纸的大体情况，抓住图纸的重点。图纸说明通常包括图纸的目录、技术说明、元器件明细表和施工说明等。

（3）阅读标题栏　在认真阅读图纸说明的基础上，接着阅读主标题栏，了解电气图的名称及标题栏中有关内容。凭借有关的电路基础知识，对该电气图的类型、性质、作用等有明确的认识，同时大致了解电气图的内容。

（4）识读系统图（或框图）　在认真阅读图纸的说明后，就要识读系统原理图（或方框图），从而了解整个系统（或分系统）的情况，即它们的基本组成、相互关系及其主要特征，为进一步理解系统（或分系统）的工作打下基础。

（5）识读电路图　为了进一步理解系统（或分系统）的工作原理，需要仔细识读电路图，电路图是电气图的核心，看图难度大。识读电路图时，先要分清主电路和控制电路、交流电路和直流电路，其次按照先看主电路再看控制电路的顺序看图。识读电路图步骤如下：

① 分析主电路。识读主电路时，通常从下往上看，即从用电设备开始，经控制元器件，顺次往电源方向看。从主电路入手，根据每台电动机和执行电器的控制要求分析各电动机和执行电器的控制内容，如电动机起动、转向控制、制动等基本控制环节。

② 分析控制电路。看控制电路时，应自上而下、从左向右看，即先看电源，再看各条回路。通过看控制电路，搞清它的回路构成、各元器件间的联系（如顺序、联锁等）、控制关系和在什么条件下回路构成通路或断路，分析各回路元器件的工作状况及其对主电路的控制情况，从而搞清楚整个系统的工作原理。

③ 分析联锁和保护环节。生产机械对安全性、可靠性有很高的要求，为了实现这些要求，除合理地选择拖动、控制方案以外，在控制线路中还设置了一系列电气保护和必要的电气联锁。

④ 分析特殊控制环节。在某些控制线路中，还设置了一些与主电路、控制电路关系不密切，相对独立的某些特殊环节。如产品计数装置、自动检测系统、晶闸管触发电路、自动调温装置等。这些部分往往自成一个小系统，其读图分析的方法可参照上述分析过程，并灵活运用所学过的电子技术、交流技术、自控系统、检测与转换等知识逐一分析。

⑤ 总体检查。经过"化整为零"，逐步分析了每一局部电路的工作原理以及各部分之间的控制关系之后，还必须用"集零为整"的方法，检查整个控制系统，看是否有遗漏。最后还要从整体角度进一步检查和理解各控制环节之间的联系，从而清楚地理解电路图中每一电气元器件的作用、工作过程及主要参数。

（6）识读接线图　接线图是以电路图为依据绘制的，因此要对照电路图来看接线图。看接线图时，也要先看主电路再看控制电路。看接线图要根据端子标志、回路标号，从电源端顺次查下去，搞清楚线路的走向和电路的连接方法，即搞清每个元器件是如何通过连线构成闭合回路的。看主电路时，从电源输入端开始，顺次经控制元器件和线路到用电设备，与看电路图有所不同。看控制电路时，要从电源的一端到电源的另一端，按元器件的顺序对每个回路进行分析。接线图中的线号是电气元器件间导线连接的标记，线号相同的导线原则上都可以接在一起。由于接线图多采用单线表示，因此对导线的走向应加以辨别，同时还要清楚大端子板内外电路的连接情况。

任务实施

5.1.4　认识元器件符号

1. 识读元器件符号

图 5-3 所示为星三角减压起动电路原理图，根据原理图对照表 5-2 写出元器件的文字符号和图形符号，通过填写表格完成对电路电气元器件的初步分类和整理，见表 5-3。

识读星三角减压起动电路

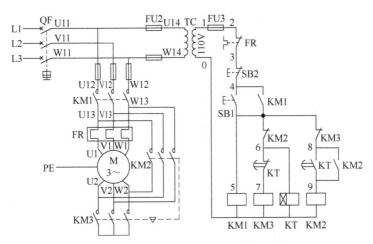

图 5-3 星三角减压起动电路原理图

表 5-3 电气元器件文字图形符号整理

元器件名称	元器件文字符号	元器件图形符号	元器件数量（个）
低压断路器	QF		1
熔断器	FU		6
接触器	KM		3
热继电器	FR		1
电动机	M		1
按钮	SB		2
时间继电器	KT		1

2. 识读元器件作用

识读元器件的作用要求读者具有一定的电工技术基本知识，了解各类电气元器件的性能、工作原理，并清楚有关触点动作前后状态的变化关系。

5.1.5 识读主电路

1. 星形接法

将三相绕组的末端并联起来，即将 U2、V2、W2 三个接线柱用铜片连接在一起，而将三相绕组首端分别接入三相交流电源，即将 U1、V1、W1 分别接入 L1、L2、L3 相电源，如图 5-4 所示。

2. 三角形接法

将第一相绕组的首端 U1 与第三相绕组的末端 W2 相连接，再接入一相电源；第二相绕组的首端 V1 与第一相绕组的末端 U2 相连接，再接入第二相电源；第三相绕组的首端 W1 与第二相绕组的末端 V2 相连接，再接入第三相电源。即在接线板上将接线柱 U1 和 W2、V1 和 U2、W1 和 V2 分别用铜片连接起来，再分别接入三相电源，如图 5-5 所示。

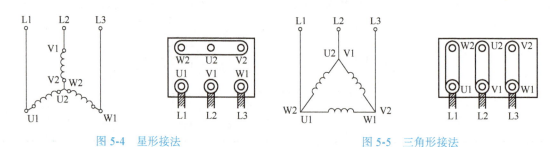

图 5-4　星形接法　　　　　　　　图 5-5　三角形接法

3. 识读主电路

星三角减压起动电路是指电动机起动时，把定子绕组接成"Y"形，以降低起动电压，限制起动电流。待电动机起动后，再把定子绕组改接成"△"形，使电动机全压运行。观察电路原理图并对照电动机的联结方式可知闭合电动机 KM3 为星形联结方式，闭合电动机 KM2 为三角形联结方式，KM2 和 KM3 只能有一个得电。当 KM1、KM3 得电闭合后，电动机处于减压起动状态，当 KM1、KM2 得电闭合后，电动机处于全压运行状态。

5.1.6　识读控制电路

1. 星形起动控制

闭合低压断路器 QF，按下起动按钮 SB1，KM1、KM3 得电，时间继电器 KT 得电。在时间继电器延时常闭触点（6、7）断开之前，电动机构成星形联结方式。

2. 三角形全压运行

当时间继电器整定时间后，时间继电器延时常闭触点（6、7）断开切断 KM3 支路，电动机星形联结断开，时间继电器延时常开触点（8、9）闭合，KM_2 得电闭合，电动机构成三角形接法并全压运行。

3. 工作原理分析

工作原理过程图如图 5-6 所示。

4. 识读电路中的联锁和保护

1）电动机 M 利用 KM2 和 KM3 的辅助常闭触点实现接触器联锁。
2）熔断器 FU 构成短路保护。
3）接触器构成失压和欠压保护。
4）热继电器构成过载保护。

项目 5 电工电子线路的识读

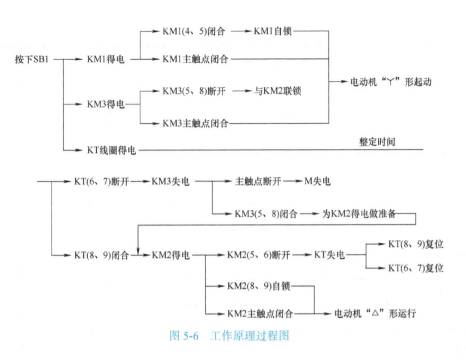

图 5-6 工作原理过程图

任务考评

任务单

姓名		班级		成绩		工位	
任务要求	1）能说出电工线路用图的分类方法 2）能识别不同的元器件的文字符号和图形符号 3）掌握电工线路识图的步骤和方法 4）能完成电动机顺起逆停电路的识读任务 5）遇到问题时小组进行讨论，可让教师参与讨论，通过团队合作解决问题						

任务完成结果（故障分析、存在问题等）	注意事项
1. 实际电路图	

（续）

任务完成结果（故障分析、存在问题等）	注意事项
2. 元器件符号	

元器件名称	元器件文字名称	元器件图形符号	元器件数量（个）

3. 识读主电路

4. 识读控制电路

5. 识读电路中的联锁和保护

评阅教师：	评阅日期：

(续)

考核细则

根据职业资格标准、学习过程、实际操作情况、学习态度等多方面进行考核,可分为自我评价、组内互评、教师评价。
得分说明:自我评价占总分的30%,组内互评占总分的30%,教师评价占总分的40%

基本素养(20分)

序号	考核内容	分值	自我评价	组内互评	教师评价	小计
1	签到情况、遵守纪律情况(无迟到、早退、旷课)、团队合作	5				
2	安全文明操作规程 1)穿戴好防护用品,工具、仪表齐全 2)遵守操作规程 3)不损坏器材、仪表和其他物品	10				
3	按照要求认真打扫卫生(检查不合格记0分)	5				

理论知识(20分)

序号	考核内容	分值	自我评价	组内互评	教师评价	小计
1	电工线路图分类	6				
2	电气元器件文字图形符号	6				
3	电工用图识读步骤	8				

技能操作(60分)

序号	考核内容	分值	自我评价	组内互评	教师评价	小计
1	元器件清点、文字图形符号识别	15				
2	识别主电路	15				
3	识别控制电路	30				
	总分	100				

课后习题

1)简述电工用图的分类。
2)绘制开关、接触器、时间继电器、按钮等电气元器件的文字符号和图形符号。
3)简述电工用图的识图步骤。

任务 5.2　电子线路用图的识读

知识目标

1)了解电子线路图的识别技巧;
2)复习并熟练记忆常用电子元器件文字符号和图形符号;
3)掌握电子线路识图的步骤和方法;
4)以晶体管串联可调稳压电源为载体,学会电子线路的识读技巧。

能力目标

1）能说出电子线路用图的分类方法；
2）能记忆识别不同的元器件的文字符号和图形符号；
3）掌握电子线路识图的步骤和方法；
4）通过晶体管串联可调稳压电源的实例，掌握电子线路的识读技巧；
5）培养学生线上使用职教云等在线课程平台的能力。

素养目标

1）从实例出发，总结电子线路识图步骤和方法，使学生从识图中学习识图技巧；
2）通过小组探究、互助合作等方式培养学生的诚信、团队合作意识。

实施流程

实施流程的具体内容见表5-4。

表5-4 实施流程的具体内容

序号	工作内容	教师活动	学生活动	学时
1	布置任务	1）通过职教云、在线课程平台公告、微信下发预习通知 2）通过在线论坛收集、分析学生疑问 3）通过职教云设置考勤	1）接受任务，明确电子线路识读的内容 2）在线学习资料，参考教材和课件完成课前预习 3）反馈疑问 4）完成职教云签到	2学时
2	知识准备	1）讲解电子线路用图的分类 2）复习并熟练记忆常用电子元器件文字符号和图形符号 3）电子线路识读步骤和方法 4）以晶体管串联可调稳压电源电路为载体，学会电子线路识读技巧 5）明确任务要求，以及顺序流程	1）了解电子线路用图的分类 2）能识别常用电子元器件的文字符号和图形符号 3）电子线路识读步骤和方法 4）学习电子线路识读技巧	
3	任务实施	1）教师下发任务单 2）督导学生完成	1）按照任务要求与教师演示过程，学生分组完成任务单 2）师生互动，讨论任务实施过程中出现的问题 3）完成任务书	
4	任务考评	1）按具体评分细则对学生进行评价 2）采用过程性考核方式，通过学生学习全过程的表现，教师给定综合评定分数	按具体评分细则进行自评、组评	

任务描述

看懂电子线路图是一项基本功，那么作为初学者，怎样才能快速地看懂电子线路图呢？在掌握电子元器件、电子基础知识的基础上，还需要了解一定的识图方法和技巧。

知)识)准)备)▶▶▶

5.2.1 电子线路图的识读技巧

常言道:"学贵在得法"。让学生掌握了正确识读电子线路图的方法,就好像给了他们打开城门的钥匙,经历从"学会"到"会学"。面对复杂的电子线路图照样能够看得清楚明白,从而练就识读电子线路图的"火眼金睛"。

1. 打好基础,积累素材

要识读电子线路图,首先要有一定基础。识读电子线路图需要从元器件的符号、参数与特性学起,然后把握基本电路的特征及功能,逐步积累,打好基础。牢记基础知识要学习并熟练掌握电子产品中常见的电子元器件的基本知识,如电阻、电容器、电感器、二极管、晶体管、晶闸管、场效应晶体管、变压器、开关、继电器、接插件等,并充分了解它们的种类、性能、特征以及在电路中的符号、作用和功能等。

2. 化整为零,各个击破

一个稍许复杂的电子线路图,可以看作由一个或多个基本电路组成。为了方便、快捷地看懂电子线路图,还要掌握一些单元电子电路知识,例如整流电路、滤波电路、放大电路、振荡电路、电源电路等。这些电路单元是电子线路图中常见的功能模块,掌握这些单元电路的知识,不仅可以深化对电子元器件的认识,而且也是对看懂电子线路图的锻炼。有了这些电路知识积累,为进一步看懂较复杂的电路奠定了良好的基础,也就更有助于深化学习。

3. 找出核心,辐射周围

在一个完整的电路图中,往往会有一些具有典型特征的关键元器件,如集成电路,晶体管等。在分析电路工作原理时,首先要找出核心元器件,诸如简单分立元器件电路中的晶体管,它们是什么类型的晶体管,各个晶体管之间的连接方式、作用是什么;在工作过程中处于何种工作状态等,然后再分析与核心元器件相连的其他附属元器件,如电阻器、电容器、二极管等。以点带面,由此辐射开去,这样抓住主要矛盾,就不会出现本末倒置的问题。

4. 抓住要领,排除干扰

一个复杂的电子线路往往有多个功能或由几个电路单元组成。在识读电路图时,要抓住要领,有针对性地识读。例如,要分析电源电路,就只识读电源这部分电路,其他电路可先不管。

5. 根据线索,读懂电路

电子线路图中各组成电路不是孤立的,而是相互联系的。由于电子线路图中各部分电路不一定依次顺序排列,分析各电路间的联系并不容易。在识读电路时,不妨通过找线索的方式。电子电路必然是用来处理信号的电路,那么信号流程就是一条明确线索;每个电路必然需要电源,电源供给是一条隐含线索。

6. 分析电路,弄清过程

弄清电路的基本连接和作用后,就仔细分析整个电路的工作原理。每个电路都是用来完成一定任务的，即功能。既可以根据电路功能来验证电路分析，又可以反过来通过分析电路来推测其功能。分析电路的方法通常有按信号流程分析、按方框图分析、按功能状态分析等。例如一提起"声控开关"，马上会想到它必有声音接收转换装置、信号放大、开关控制等电路。可以按信号流程分析，如按信号输入、传输、输出过程逐步分析；也可以按方框图来分析；还可以按功能状态分析，即分析无声时或有声时电路所处状态，这样对电路就有一个清晰的认识。

5.2.2 电子线路图的识图方法和步骤

复杂的电子线路图对于初学者来说，可能根本不知从何下手识图，也不能从电子线路原理图中找出电子产品的故障所在，更不能得心应手地设计各种各样的电子线路。其实只要对电子线路图进行仔细观察，就会发现电子电路的构成具有很明显的规律，即相同类型的电子电路不仅功能相似，而且在电路结构上也是大同小异。而任何一个复杂、表现形式不同的电子线路图都是由一些最基本的电子电路组合而成。如果将这些构成复杂电子线路图的最基本电路定义为基本单元电路，那么只要掌握了这些最基本的单元电路，任何复杂的电路都可以看成是这些单元电路的组合。

1. 从基本元器件入手

电子元器件是构成电子产品的基础。因此，了解电子元器件的基础知识，掌握不同元器件在电路中的表示符号及各元器件的基本功能特点是进行电子线路识图的第一步。

2. 掌握基本单元电路

掌握基本单元电路，为识读复杂电路打好基础。任何复杂电路都是由基本单元电路构成的，所以在识读复杂电路前，必须掌握好基本单元电路。在学习单元电路时，要掌握好基本单元电路的工作原理、电路的功能及特性、电路典型参数、组成电路的元器件以及每一个元器件在电路中所起到的作用、电路调试方法等。

3. 分解复杂电路

任何复杂电路都可以分解成若干个具有完整基本功能的单元电路，而每个单元电路在复杂电路中的功能不同，其作用也不同。复杂电路被分解为单元电路后，就可以根据每个单元电路的功能、特点分析整个复杂电路的功能及特点。反过来说，也可以按照某种需要，用单元电路组合成复杂的电子电路，设计出各种各样实用的电子电路。

4. 掌握基本单元电路之间的连接方法

单元电路之间的连接视其功能和用途的不同，其连接方法也不同。有的单元电路与单元电路之间可以直接连接起来，叫直接耦合；有的单元电路与单元电路之间通过变压器的初级、次级间的磁感应来实现信号的连接，叫变压器耦合；还有的单元电路与单元电路之间用电容器来连接，这种连接称为电容器耦合。

5. 明确各分立元器件在电路中的作用

在识读电子线路图时，要正确分析各分立元器件在电子电路中所起的作用。

6. 掌握典型集成电路块的功能及作用

由于电子技术的飞速发展，集成电路有成千上万种，人们不可能对每一块集成电路都花一定的时间去学习，所以必须有针对性地对一些常用的模拟集成电路和数字集成电路的原理、功能、引脚的排列及作用等了解清楚，做到心中有数。此外，对于不熟悉的集成电路，首先必须查找有关资料，弄明白它的功能、引脚排列及起什么作用等，这样才能在电子线路识图中做到心中有数。

任务实施

5.2.3 认识元器件符号

1. 识读元器件符号

图 5-7 所示为晶体管串联可调稳压电源电路，根据原理图中所使用的电子元器件，写出元器件的型号，通过填写表格完成对电路的元器件的初步分类和整理，见表 5-5。

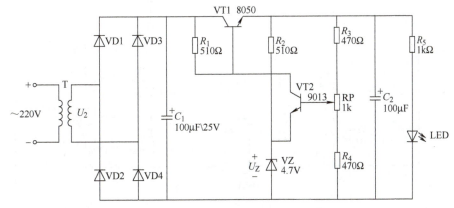

图 5-7　晶体管串联可调稳压电源电路

表 5-5　元器件型号整理分类

序号	元器件名称	元器件型号规格	数量	备注
1	整流二极管	1N4007	4	
2	稳压二极管	1N4732（4.7V）	1	
3	发光二极管	红色 LED	1	
4	晶体管	8050	1	
5	晶体管	9013	1	
6	电容	1000μF/25V	1	
7	电容	100μF/25V	1	
8	电阻	1kΩ	2	
9	电阻	510Ω	3	
10	电位器	1kΩ	1	

2. 识读元器件作用

识读电子元器件的作用要求读者具有一定的电子技术基本知识，了解各类电子元器件的性能、工作原理，并了解一定的单元电路。

任务考评

任务单

姓名		班级		成绩		工位	
任务要求		1）能说出电子线路识图的读图技巧 2）能识别不同的元器件的文字符号和图形符号 3）掌握电子线路识图的步骤和方法 4）能完成复合管串联稳压电源电路的识读任务 5）遇到问题时小组进行讨论，可让教师参与讨论，通过团队合作解决问题					

任务完成结果（故障分析、存在问题等）	注意事项
1. 实际电路图 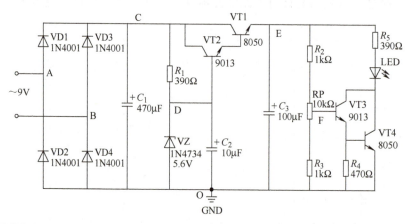 2. 元器件符号	

序号	元器件名称	元器件型号规格	数量	备注
1				
2				
3				
4				
5				
6				
7				
8				
9				
10				
11				
12				

3. 识读复合管串联稳压电源电路

评阅教师：	评阅日期：

(续)

考核细则
根据职业资格标准、学习过程、实际操作情况、学习态度等多方面进行考核，可分为自我评价、组内互评、教师评价。得分说明：自我评价占总分的30%，组内互评占总分的30%，教师评价占总分的40%

基本素养（20分）

序号	考核内容	分值	自我评价	组内互评	教师评价	小计
1	签到情况、遵守纪律情况（无迟到、早退、旷课）、团队合作	5				
2	安全文明操作规程： 1）穿戴好防护用品，工具、仪表齐全 2）遵守操作规程 3）不损坏器材、仪表和其他物品	10				
3	按照要求认真打扫卫生（检查不合格记0分）	5				

理论知识（20分）

序号	考核内容	分值	自我评价	组内互评	教师评价	小计
1	电子线路图的识图技巧	10				
2	电子线路识图的步骤和方法	10				

技能操作（60分）

序号	考核内容	分值	自我评价	组内互评	教师评价	小计
1	元器件清点、文字图形符号识别	15				
2	识读复合管串联稳压电源电路组成	20				
3	分析复合管串联稳压电源电路的输出电压	25				
	总分	100				

课后习题

1）简述电子线路识图的技巧。

2）绘制出电阻、电容、二极管、晶体管等元器件的文字符号和图形符号。

3）简述电子线路的识图步骤。

项目 6　常用照明线路的安装与维修

任务 6.1　白炽灯照明线路的安装与维修

知识目标

1）认识照明线路中的常见元件以及其文字、图形符号；
2）正确识读单控和双控白炽灯照明线路图；
3）学会单控白炽灯照明线路的安装；
4）学会维修单控白炽灯照明线路的组成元件；
5）学会单控白炽灯照明线路常见故障的维修。

能力目标

1）能够熟练掌握不同元件的文字符号和图形符号；
2）会识读单控白炽灯照明线路图并会安装；
3）掌握元器件故障及线路故障排除方法；
4）学会单控白炽灯照明线路常见故障的维修。

素养目标

1）培养学生遵守电工基本操作规范，养成认真负责、安全作业的工作习惯；
2）培养学生团队合作意识。

实施流程

实施流程的具体内容见表 6-1。

表 6-1　实施流程的具体内容

序号	工作内容	教师活动	学生活动	学时
1	布置任务	1）通过职教云、在线课程平台公告、微信下发预习通知 2）通过在线论坛收集、分析学生疑问 3）通过职教云设置考勤	1）接受任务，认识完成线路元件的识别 2）在线学习资料，参考教材和课件完成课前预习 3）反馈疑问 4）完成职教云签到	4学时
2	知识准备	1）讲解照明线路中的常见元器件、图形以及其文字符号 2）讲解单控白炽灯照明线路的安装和维修 3）讲解双控白炽灯照明线路的安装 4）明确任务要求，以及照明线路安装的顺序流程	1）学习照明线路中的常见元件及其文字、图形符号 2）识读单控和双控照明线路图 3）掌握单控白炽灯照明线路的安装方法和步骤 4）学习线路故障排除方法	
3	任务实施	1）教师下发任务单 2）督导学生完成	1）按照任务要求与教师演示过程，学生分组完成任务单 2）师生互动，讨论任务实施过程中出现的问题 3）完成任务书	
4	任务考评	1）按具体评分细则对学生进行评价 2）采用过程性考核方式，通过学生学习全过程的表现，教师给出综合评定分数	按具体评分细则进行自我评价、组内互评	

任务描述

　　照明线路是生活中接触最为频繁的线路。那么，在日常的生活中照明线路是由哪几部分组成的？以下内容将介绍照明线路的安装与调试。

知识准备

6.1.1　单控白炽灯照明线路的安装与维修

1. 照明线路组成及元件介绍

　　照明线路的组成包括电源、照明灯具、开关、插座、熔断器、各类连接导线及配件辅料。

　　（1）照明线路电源　照明线路电源电压一般为220V交流电压，即单相交流电，用AC 220V或～220V表示。由一根相线、一根零线、一根保护线构成，即"单相三线供电"。相线与零线（N）之间为相电压220V，相线与地线（PE）之间也为220V。

　　（2）照明灯具　照明灯具是电能转换成光能的装置，包括灯头（座）和灯泡（管），灯座如图6-1所示。生活中使用较多的灯具有白炽灯、荧光灯、节能灯和LED（发光二极管）等，其中白炽灯为热光源，荧光灯、节能灯、LED 等为冷光源。白炽灯和节能灯为一体灯具，荧光灯和 LED 为组合灯具。白炽灯实物及图形和文字符号如图 6-2 所示。

图 6-1　灯座

图 6-2　白炽灯实物及图形和文字符号

（3）开关　照明开关是控制灯具的电气元件，起控制照明灯亮/灭的作用（即接通或断开照明线路）。开关有明装和暗装之分，现在家庭中一般是暗装开关。开关在电路中通常可分为单联开关与双联开关两种，单联就是有一个开关，双联就是有两个开关。单联开关和双联开关在内部结构和外部结构上均有明显区别。单联开关的内部结构以及图形符号如图 6-3 和图 6-4 所示，其文字符号均为 S。双控开关可以作为单控开关使用，使用时选择公共接线端和任意一个控制接线端，如图 6-5 和图 6-6 所示。

图 6-3　单联开关内部结构

图 6-4　单联开关在电路中的图形符号

图 6-5　双控开关内部结构

图 6-6　双控开关在电路中的图形符号

二极刀开关适用于照明、电热设备。用于照明和电热负载时，选用额定电压 220V 或 250V，额定电流不小于线路所有负载额定电流之和的两极开关。带熔丝的二极刀开关实物以及图形和文字符号如图 6-7 所示。

（4）插座　插座分为单相插座和三相插座，单相插座又有双孔和三孔之分，其实物与图形符号如图 6-8 所示，插座的文字符号为 XS。

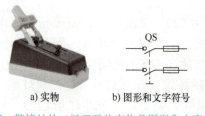

a) 实物　　　b) 图形和文字符号

a) 实物

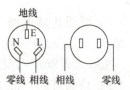

b) 图形符号

图 6-7　带熔丝的二极刀开关实物及图形和文字符号

图 6-8　单相插座实物以及图形符号

（5）熔断器　熔断器中的低压熔断器广泛应用于低压供配电系统和控制系统中，主要用作线路的短路保护，有时也可用于过负载保护。常用的熔断器有瓷插式、螺旋式、无填料封闭式和有填料封闭式。使用时将熔断器串联在被保护的线路中，当电路发生短路故障，通过熔断器的电流达到或超过某一规定值时，熔断器以其自身产生的热量使熔体熔断，从而自动断开线路，起到保护作用。熔断器实物及图形符号如图 6-9 所示，其文字符号为 FU。

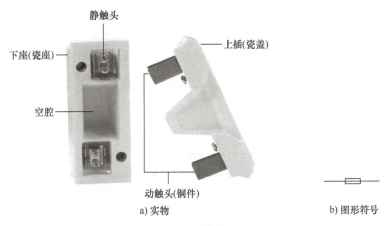

图 6-9　熔断器实物以及图形符号

（6）连接导线　连接导线的作用是输送电能，导通电流。电源、各元器件、负载通过导线的连接形成电流回路。电流回路是指，电流从电源导出，经过控制元件到负载做功后再回到电源。

2. 单控白炽灯照明线路的识读

单控白炽灯照明线路图如图 6-10 所示。

（1）识读元件符号　参照照明线路元件介绍中每一种常用照明元件的图形符号和文字符号，完成单控白炽灯照明线路的识读。

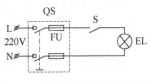

图 6-10　单控白炽灯照明线路图

（2）安装规范

① 相线进开关，中性线（俗称或习惯称为零线，本书用零线）进灯头；

② 螺口灯头：螺口接零线，舌形弹片接相线；

③ 插座安装：三孔插座，左接零线、右接相线、上接地线。

3. 照明设备的常见故障及排除方法

（1）开关常见故障及排除方法（表 6-2）

表 6-2　开关常见故障及排除方法

故障现象	产生原因	排除方法
开关操作后电路不通	接线螺钉松脱，连接导线与开关导体不能接触	打开开关盖，紧固接线螺钉
	内部有杂物，使开关触头不能接触	打开开关盖，清除杂物
	机械卡死，拨不动	给机械部位加润滑油；当机械部分损坏严重时，应更换开关

（续）

故障现象	产生原因	排除方法
接触不良	接线螺钉松脱	打开开关盖，压紧接线螺钉
	开关触头上有污物	断电后，清除污物
	拉线开关触头磨损、打滑或烧毛	断电后修理或更换开关
开关烧坏	负载短路	处理短路故障后，更换开关
	长期过载	减轻负载或更换容量大一级的开关
漏电	开关防护盖损坏或开关内部接线头外露	重新配好开关防护盖，并接好开关的电源连接线
	受潮或受雨淋	断电后进行烘干处理，并加装防雨措施

（2）插座的常见故障及排除方法（表6-3）

表6-3　插座常见故障及排除方法

故障现象	产生原因	排除方法
插头插上后不通电或接触不良	插头压线螺钉松动，连接导线与插头片接触不良	打开插头，重新紧固导线与插头的连接螺钉
	插头根部电源线在绝缘皮内部折断，造成电源时通时断	剪断插头端部一段导线，重新连接
	插座口过松或插座触片位置偏移，使插头接触不上	断电后，将插座触片收拢，使其与插头接触良好
	插座引线与插座压线导线螺钉松开，引起接触不良	重新连接插座电源线，并旋紧螺钉
插座烧坏	插座长期过载	减轻负载或更换容量大的插座
	插座连接线处接触不良	紧固螺钉，使导线与触片连接好并清除生锈物
	插座局部漏电引起短路	更换插座
插座短路	导线接头有毛刺，在插座内松脱引起短路	重新连接导线与插座，在接线时要注意将接线毛刺清除
	插座的两插口相距过近，插头插入后碰连引起短路	断电后，打开插座修理
	插头内部接线螺钉脱落引起短路	重新把紧固螺钉旋进螺母位置，并固定紧
	插头负载端短路，插头插入后引起弧光短路	消除负载短路故障后，断电更换同型号的插座

（3）白炽灯常见故障及排除方法（表6-4）

表6-4　白炽灯常见故障及排除方法

故障现象	产生原因	排除方法
灯泡不亮	灯泡钨丝烧断	更换灯泡
	灯座或开关触点接触不良	修复接触不良的触点；无法修复时，应更换完好的触点
	停电或电路开路	修复线路
	电源熔断器熔丝熔断	检查熔丝熔断的原因，并更换新熔丝

（续）

故障现象	产生原因	排除方法
灯泡强烈发光后瞬时烧毁	灯丝局部短路（俗称搭丝）	更换灯泡
	灯泡额定电压低于电源电压	换用额定电压与电源电压一致的灯泡
灯光忽明忽暗，或忽亮忽熄	灯座或开关触点（或接线）松动，或因表面存在氧化层（铝质导线、触点易出现）	修复松动的触头或接线，去除氧化层后重新接线，或去除触点的氧化层
	电源电压波动（通常是由附近有大容量负载经常起动引起）	更换配电所变压器，增加容量
	熔断器熔丝接头接触不良	重新安装，或紧固螺钉
	导线连接处松散	重新连接导线
开关合上后熔断器熔丝熔断	灯座或挂线盒连接处两线头短路	重新接线头
	螺口灯座内中心铜片与螺旋铜圈相碰、短路	检查灯座并扳准中心铜片
	熔丝太细	正确选配熔丝规格
	线路短路	修复线路
	用电器发生短路	检查用电器并修复
灯光暗淡	灯泡内钨丝挥发后积聚在玻璃壳内表面，透光度降低，同时由于钨丝挥发后变细，电阻增大，电流减小，光通量减小	正常现象
	灯座、开关或导线对地严重漏电	更换完好的灯座、开关或导线
	灯座、开关接触不良，或导线连接处触电阻增加	修复、接触不良的触点，重新连接接头
	线路导线太长太细，线路压降太大	缩短线路长度，或更换较大截面的导线
	电源电压过低	调整电源电压

（4）熔断器常见故障及排除方法（表6-5）

表6-5 熔断器常见故障及排除方法

故障现象	产生原因	排除方法
通电瞬间熔体熔断	熔体安装时机械损伤严重	更换熔丝
	负载侧短路或接地	排除负载故障
	熔丝电流等级选择太小	更换熔丝
熔丝未断但电路不通	熔丝两端或两端导线接触不良	重新连接
	熔断器的端帽未拧紧	拧紧端帽

6.1.2 双控白炽灯照明线路的安装

1. 照明线路安装的技术要求

1）灯具安装的高度。室外一般不低于3m，室内一般不低于2.5m；

2）照明线路应有短路保护。照明灯具的相线必须经开关控制，螺口灯头中心处应接相线，螺口部分与零线连接，不准将电线直接焊在灯泡的接点上使用；

3）室内照明开关一般安装在门边便于操作的位置，拉线开关一般应离地2～3m，暗装翘板开关一般离地1.3m，与门框的距离一般为0.15～0.20m；

4）明装插座的安装高度一般应离地1.3～1.5m，暗装插座一般应离地0.3m，同一场所暗装的插座高度应一致，其高度相差一般应不大于5mm，多个插座成排安装时，高度相差应不大于2mm；

5）照明装置的接线必须牢固，接触良好。接线时，相线和零线要严格区别，将零线接在灯头上，相线必须经过开关再接到灯头；

6）应采用保护接地的灯具金属外壳，要与保护接地干线连接完好；

7）灯具安装应牢固。灯具质量超过3kg时，必须固定在预埋的吊钩或螺栓上，软线吊灯的重量应在1kg以下，超过时应加装吊链，固定灯具需用接线盒及木台等配件；

8）照明灯具须用安全电压时，应采用双线圈变压器或安全隔离变压器，严禁使用自耦（单线圈）变压器，安全电压额定值的等级为42V、36V、24V、12V、6V；

9）灯架及管内不允许有接头；

10）导线在引入灯具处应有绝缘保护，不应使其承受额外的拉力；导线的分支及连接处应便于检查。

2. 双控白炽灯照明线路的识读

双控白炽灯照明线路图如图6-11所示。

（1）漏电保护器（漏电断路器） 漏电保护器对电器设备的漏电电流极为敏感，当人体接触漏电的用电器时，产生的漏电电流只要达到10～30mA，就能使漏电保护器在极短的时间内（如0.1s）跳闸，切断电源，有效地

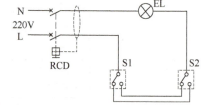

图6-11 双控白炽灯照明线路图

防止了触电事故的发生。漏电保护器还有断路器的功能，它可以在交、直流低压电路中手动或电动分合电路。漏电保护器的接线如图6-12所示，配电盘上的漏电保护器如图6-13所示，漏电保护器的图形符号如图6-14所示。

图6-12 漏电保护器的接线

图6-13 配电盘上的漏电保护器

（2）识读元件符号 参照照明线路元件介绍中每一种常用照明元件的图形符号和文字符号，完成双控白炽灯照明线路的识读。

（3）安装规范

① 相线（L）从一个双控开关中心点进，从另一个双控开关中心点出，连接到灯头舌形弹片；

② 螺口灯头：螺口接零线，舌形弹片接相线；

③ 双控开关中 L1、L2 两两相连即可。

图 6-14 漏电保护器的图形符号

任务实施

6.1.3 照明线路安装及工艺

1. 照明线路的识读

识读图 6-15 所示照明线路并将相关内容填入表 6-6 中。

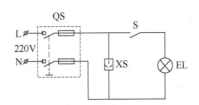

图 6-15 带插座单控白炽灯照明线路电气原理图

带插座单控白炽灯照明线路

表 6-6 照明线路中的元件符号

序号	元件名称	文字符号	图形符号	数量	备注
1	熔断器	FU			
2	插座	XS			
3	开关	S			
4	白炽灯	EL			
5	二极刀开关	QS			

2. 照明线路安装步骤及要求

（1）布局　根据设计的照明线路图，确定各元件安装的位置，要求符合规范、布局合理、结构紧凑、控制方便、美观大方。

（2）固定元件　将选择好的元件固定在网板上，排列各个元件时必须整齐，要求元件固定可靠、牢固。

（3）布线

① 红色线接电源相线（L），黑色线接零线（N），黄绿双色线接地线（PE）；相线过开关，零线一般不进开关；

② 先处理好导线，将导线拉直，消除弯、折等问题，布线要横平竖直、整齐、转弯成直角，并做到高低一致或前后一致、少交叉，应尽量避免导线接头。

（4）接线

① 按照要求的尺寸安装元件，接线盒内导线预留 10～15cm 余量；

② 接线正确、牢固，各接点不能松动，敷线平直整齐，无漏铜、反圈、压胶等问题；

③ 每个接线端子上连接的导线根数一般不超过两根，一桩一线线头要打折，一桩两

线线头不打折,导线出熔断器要做"起翘",长度在 1～1.5cm;

④ 电源相线进线接单相电能表端子"1",电源零线进线接端子"3",端子"2"为相线出线,端子"4"为零线出线。进/出线应连接在端子排上;

⑤ 钉线卡:进出元件 1 个,弯角 2 个,横向导线线卡的钉子在导线的下方,纵向导线线卡的钉子统一位于导线的一侧(左侧或右侧)。

(5)检查线路　观察电路,看有没有接出多余线头。参照设计的照明线路安装图检查每条线是否严格按要求连接,每条线有没有接错位置,注意电能表的相线和零线有无接反,漏电保护器、熔断器、开关、插座等元件的接线是否正确。

(6)通电　由电源端开始向负载顺序送电,先合上漏电保护器开关。

(7)故障排除　操作各功能开关时,若不符合要求,应立即停电,判断照明线路的故障,可以用万用表欧姆档检查线路,但要注意人身安全和万用表档位。

3. 走线布局规划

1)安装尺寸单位为 cm;

2)根据以上元件位置在电路板上完成元件布局;

3)绘制电路走线元件布局图如图 6-16a 所示,电气原理图如图 6-16b 所示。

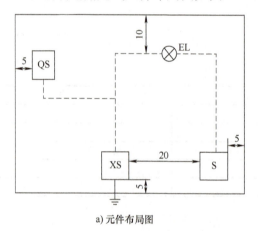
a)元件布局图

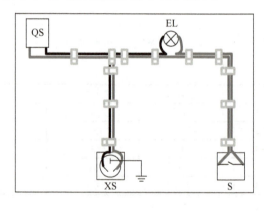
b)电气原理图

图 6-16　照明线路元件布局图和电气原理图

4. 项目验收

(1)检测方法

① 短路检测:万用表电阻档调至"R×10kΩ"档,红黑表笔分别测量二极刀开关下桩,若测得阻值为∞,则说明电路没有短路故障(在没有安装灯泡的前提下);

② 测相线(L):将万用表电阻档调至"R×1Ω"档位,红黑表笔一表笔接触二极刀开关相线下桩,另一表笔分别接触插座的右孔和灯泡舌形弹片,接触插座右孔的电阻为 0Ω,接触灯泡舌形弹片的,动作开关可以看到电阻值 0→∞ 或 ∞→0 的变化;

③ 测零线(N):将万用表电阻档调至"R×1Ω"档位,将红黑表笔一表笔接触二极刀开关零线的下桩,另一表笔分别接触插座左孔和灯泡螺纹部分,测得阻值均为 0Ω,并动作开关,阻值不变。

(2)通电步骤

① 确保线路正确无误;

②清理线路的安装板，确保符合安全文明生产要求；

③闭合总电源控制，观察电源电压指示是否符合线路要求；

④闭合单相交流电源，电源指示灯亮起，第一次验电，验电笔插入测试插座的右孔，目的是测试电笔的性能；

⑤检查分断单相交流电源、分断总电源；

⑥连接电源线，分清相线和零线，安装熔体、灯泡、插座；

⑦闭合电源总开关，闭合单相交流电源开关，两次检验两个熔断器的下桩，目的是测试电源是否送入板内，相线和零线连接是否正确；

⑧动作开关检查线路功能，完毕后，分断单相电源，分断总电源控制；

⑨第三次验电，在拆线处验电，并拆除电源线。

（3）通电

①通电前检查：通电前检查与通电有关的电气设备是否有不安全的因素存在，若检查出应立即整改，然后再通电；

②在通电时，要认真执行安全操作规程的有关规定，一人监护，一人操作；

③出现故障后，学生应独立进行检修。若需带电进行检查，教师必须在现场进行监护；检修完毕，若需再次试验，也应有教师在现场进行监护，并做好时间记录；

④通电完毕，关灯，切断电源。

任务考评

任务单

姓名		班级		成绩		工位	
任务要求	1）掌握常用照明元器件的识别、检测、选用 2）掌握单控白炽灯照明线路的安装与维修 3）掌握双控白炽灯照明线路的识读 4）遇到问题时小组进行讨论，可让教师参与讨论，通过团队合作解决问题						
	任务完成结果（故障分析、存在问题等）						注意事项
任务步骤：							
结论与分析：							
心得总结：							
评阅教师：				评阅日期：			

(续)

考核细则

根据职业资格标准、学习过程、实际操作情况、学习态度等多方面进行考核，可分为自我评价、组内互评、教师评价。得分说明：自我评价占总分的30%，组内互评占总分的30%，教师评价占总分的40%

基本素养（20分）

序号	考核内容	分值	自我评价	组内互评	教师评价	小计
1	签到情况、遵守纪律情况（无迟到、早退、旷课）、团队合作	6				
2	安全文明操作规程（关教室灯等）	7				
3	按照要求认真打扫卫生（检查不合格记0分）	7				

理论知识（20分）

序号	考核内容	分值	自我评价	组内互评	教师评价	小计
1	掌握常用照明元器件的识别	6				
2	照明线路安装要求	6				
3	单控白炽灯照明线路的安装	8				

技能操作（60分）

序号	考核内容	分值	自我评价	组内互评	教师评价	小计
1	掌握常用照明元器件的识别检测选用	10				
2	掌握单控白炽灯照明线路的安装与维修	30				
3	掌握双控白炽灯照明线路的安装	20				
总分			100			

课后习题

1）电动工具的电源引线，其中黄绿双色线应作为（　　）线使用。

　　A. 相　　　　　　B. 工作零线　　　　C. 保护接地

2）一般居民住宅、办公场所，若以防止触电为主要目的，应选用漏电动作电流为（　　）mA的漏电保护开关。

　　A. 6　　　　　　B. 15　　　　　　C. 30

3）正常情况下把电气设备不带电的金属部分，与电网的保护零线进行连接，称作（　　）。

　　A. 保护接地　　　B. 保护接零　　　　C. 工作接地　　　D. 工作接零

4）在家庭照明线路中，若无特殊要求，开关的一般安装高度为（　　）。

　　A. 80～100mm　　B. 90～120mm　　C. 120～135mm　　D. 135～150mm

5）在家庭照明线路中，插座低装（视听设备电视柜等）高度为（　　），高装（挂式空调等设备）高度为（　　）。

　　A. 10mm、20mm　　　　　　　　B. 30mm、40mm

　　C. 190mm、200mm　　　　　　　D. 135mm、150mm

6）下列照明线路故障中会造成熔断器熔断的是（　　　）。
A.线路某处芯线断开　　　　　　B.熔断器接线柱与导线接触不良
C.灯头被水严重打湿　　　　　　D.电灯泡断丝

7）熔断器在电路中的作用是（　　　）。
A.开路保护　　　　　　　　　　B.过载保护
C.漏电保护　　　　　　　　　　D.短路保护

8）三孔插座的三个孔的安装规范是左＿＿＿＿右＿＿＿＿上接地。

9）螺口灯头的接线规范是舌型弹片接＿＿＿＿螺口接＿＿＿＿。

10）阐述双控白炽灯照明线路的安装规范。

11）根据图6-11双控白炽灯照明线路图以及图6-17中给定的元件布局图，绘制接线图。

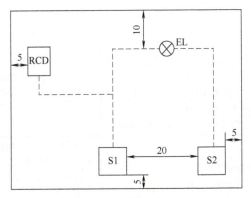

图6-17　双控白炽灯照明线路元件布局图

任务6.2　荧光灯照明线路的安装与维修

知识目标

1）了解并能简述荧光灯发光的工作原理；
2）能够对照元件图形和文字符号分清照明元件实物以及触点；
3）掌握荧光灯照明线路的安装与调试。

能力目标

1）能分清镇流器、辉光启动器等元件的接线柱，会检测其好坏；
2）培养逻辑思维和利用知识解决实际问题的能力；
3）学习搜索用电安全相关资料；
4）学会安装、调试、检修荧光灯照明线路。

素养目标

1）培养学生安全文明生产的职业习惯，养成认真负责的职业态度；
2）培养学生团队合作意识。

实施流程

实施流程的具体内容见表6-7。

表6-7 实施流程的具体内容

序号	工作内容	教师活动	学生活动	学时
1	布置任务	1）通过职教云、在线课程平台公告、微信下发预习通知 2）通过在线论坛收集、分析学生疑问 3）通过职教云设置考勤	1）接受任务，明确荧光灯照明线路学习内容 2）在线学习资料，参考教材和课件完成课前预习 3）反馈疑问 4）完成职教云签到	4学时
2	知识准备	1）讲解荧光灯的工作原理 2）讲解荧光灯照明线路的组成 3）讲解荧光灯照明线路的安装及维修 4）以荧光灯照明线路为载体，学会照明电路识读技巧 5）明确任务要求，以及顺序流程	1）学习荧光灯的工作原理 2）学习荧光灯照明线路的组成 3）学习荧光灯照明线路的安装及维修	
3	任务实施	1）教师下发任务单 2）督导学生完成	1）按照任务要求与教师演示过程，学生分组完成任务单 2）师生互动，讨论任务实施过程中出现的问题 3）完成任务书	
4	任务考评	1）按具体评分细则对学生进行评价 2）采用过程性考核方式，通过学生学习全过程的表现，教师给出综合评定分数	按具体评分细则进行自我评价、组内互评	

任务描述 »»»

生活中尤其是在学校、商场、办公室等公共场所，荧光灯是使用最为频繁的照明线路。那么，荧光灯照明线路是怎样工作的？以下内容将介绍荧光灯照明线路的安装与调试。

知识准备 »»»

6.2.1 荧光灯照明线路原理

1. 荧光灯照明线路组成

荧光灯照明线路由灯管、镇流器、辉光启动器、灯座、灯架等部件组成，线路原理图如图 6-18 所示。

（1）灯管　荧光灯灯管是由玻璃管、灯丝、灯头和灯脚等组成的，玻璃管内壁涂有一层荧光粉，不同的荧光粉可发出不同颜色的光。灯管内抽成真空后充入少量汞（水银）和氩等惰性气体，灯管两端有由钨制成的灯丝，灯丝涂有受热后易于发射电子的氧化物，灯管结构如图 6-19 所示。

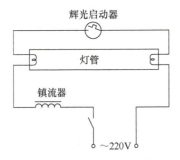

图 6-18　荧光灯照明线路原理图

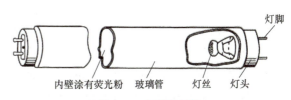

图 6-19　灯管的结构

当灯丝有电流通过时，灯管内灯丝发射电子，还会使灯管内温度升高，汞蒸发。这时，若在灯管的两端加上足够的电压，就会使灯管内氩气电离，从而使灯管由氩气放电过渡到汞蒸气放电，放电时发出不可见的紫外光线照射在管壁内的荧光粉上面，使灯管发出各种颜色的可见光线。常用灯管的功率有 6W、8W、12W、15W、20W、30W、40W 等。

（2）镇流器　镇流器在电路中与荧光灯管串联，其本质是绕在硅钢片铁心上的电感线圈，其感抗值很大。镇流器的作用是：

① 限制灯管的电流；

② 在启动时与辉光启动器配合，产生足够的自感电动势，产生瞬时高压点亮灯管。镇流器一般有两个出头，但有些镇流器为了在电压不足时使其容易起燃，就会多绕一个线圈，因此也有四个出头的镇流器。荧光灯镇流器如图 6-20 所示。

图 6-20　荧光灯镇流器

镇流器的选用必须与灯管配套，否则会烧坏荧光灯，即灯管的功率必须与镇流器的功率相同，镇流器常用的功率有 6W、8W、15W、30W、40W 等规格。镇流器文字符号为 L。

（3）辉光启动器　辉光启动器又叫启动器、跳泡。辉光启动器构造如图 6-21 所示。它由氖泡、纸介电容和铝外壳组成。氖泡内有一个固定的静止触片和一个双金属片制成的倒 U 形动触片。双金属片由两种膨胀系数差别很大的金属薄片焊制而成。动触片与静触片平时分开，两者相距 0.5mm 左右。与氖泡并联的纸介电容容量在 5000pF 左右，它的作用有两个：

① 与镇流器线圈组成 LC 振荡回路，能延长灯丝预热时间和维持脉冲放电；

② 能吸收电磁波，减轻对收音机、录音机、电视机等电子设备的电磁干扰。如果电容被击穿，在去掉损坏电容后氖泡仍可使灯管正常发光，但失去了吸收干扰杂波的作用。

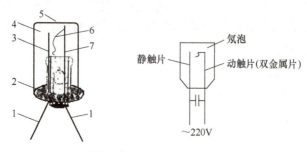

图 6-21 辉光启动器的构造

1—插头　2—绝缘底座　3—静止触片　4—氖气　5—玻璃泡　6—U 形动触片　7—动触片

（4）灯座　一对绝缘灯座将荧光灯管支撑在灯架上，再用导线连接荧光灯，成为完整电路。灯座有开启式和插入弹簧式两种，如图 6-22 所示。开启式灯座还有大型和小型两种，功率为 6W、8W、12W 等细灯管用小型灯座，功率在 15W 以上的灯管用大型灯座。

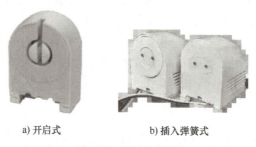

a) 开启式　　　　b) 插入弹簧式

图 6-22 荧光灯灯座

（5）灯架　灯架用来固定灯座、灯管、辉光启动器等部件，有木制、铁皮制、铝制等几种。其规格是与灯管尺寸相配合，随灯管数量和光照方向而选用。木制灯架一般用作散件自制组装的荧光灯具，而铁皮制灯架一般是厂家装好的套件荧光灯具。

2. 荧光灯的工作原理

在接通电源开关瞬间，灯管内内阻较高，灯丝发射的电子不足以使灯管内部形成电流通路。此时，由于触点没有接通，电源电压全部加在辉光启动器的两个电极之间，此时荧光灯工作状态如图 6-23 所示。

当电源电压全部加在辉光启动器动/静触点之间时，辉光启动器内的氖气发生电离。电离的高温使倒"U"型电极受热膨胀伸长，两电极接触，使电流从电源一端→镇流器→灯丝→辉光启动器→灯丝→电源的另一端，形成通路，此时荧光灯工作状态如图 6-24 所示。

辉光启动器的两个电极接通时，电极间电压为零，辉光启动器中的电离现象立即停止，"U"型金属片冷却收缩，两电极分离，线路断电。在线路断电的瞬间，流过镇流器的电流突降至零，镇流器产生足够高的自感应电动势，感应电动势的方向与电源方向相同。感应电压连同电源电压一起加在灯管的两端，使灯管内的惰性气体电离产生弧光放电。随着灯管内温度的逐渐升高，汞蒸汽游离，碰撞惰性气体分子放电，当汞蒸汽弧光放电时，就会辐射出不可见的紫外线，紫外线激发灯管内壁的荧光粉后发出可见光。

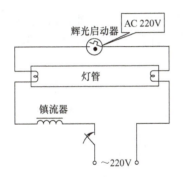
图 6-23 辉光启动器触点接通前

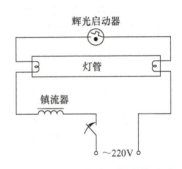
图 6-24 辉光启动器触点接通后

正常工作时，灯管两端的电压较低（40W 灯管的两端电压约为 110V，20W 灯管两端电压约为 60V），此电压不足以使辉光启动器再次产生辉光放电。因此，辉光启动器仅在启辉过程中起作用，一旦启辉完成，便处于断开状态。

6.2.2 荧光灯照明线路的安装

荧光灯双控照明线路如图 6-25 所示。

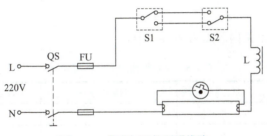
图 6-25 荧光灯双控照明线路

1. 元件检测

（1）开关的检测　用万用表"R×1Ω"档检测，没有按下刀开关测得电阻值为无穷大，按下刀开关则测得电阻值为零，此开关正常。

（2）灯管的检测　用万用表的"R×1Ω"档检测，两根表笔测试灯管同一端的两个金属柱，如果测出阻值为几十Ω以下，则说明内部灯丝正常，如果阻值无穷大，则说明内部灯丝已经熔断，只要灯丝有一头是断路的，灯管就不能启辉；但是灯管内部充气情况是否正常无法用万用表测量。

（3）镇流器的检测　只针对电感式镇流器，对于电子式镇流器则不能使用这种方法。用万用表测电感式镇流器的直流电阻是判断不出其好坏的，因其少量的匝间短路对其直流电阻是几乎没有影响，最好是用电感量测试仪或线圈短路测量仪检测电感式镇流器的电感量或是否有匝间短路，比较简单的方法就是采用替换法，即用一个好的镇流器直接替换。用万用表测其直流电阻一般在 25～35Ω 比较好。

（4）辉光启动器检测　用万用表是没有办法直接测量辉光启动器的好坏的，正常情况下辉光启动器里面是开路的，即使使用万用表测量出辉光启动器没有短路，也不表示辉光启动器是好的。但是，用万用表测量出辉光启动器是接通的，那么辉光启动器就一定是损坏的。通常使用的方法是用一个 220V 的灯泡和辉光启动器串联，如果灯泡一闪一闪地亮表示辉光启动器是好的，如果灯泡不一闪一闪地亮或一直亮就表示辉光启动器已经损坏。

2. 荧光灯双控照明线路的识读

（1）识读元件符号　参照照明线路元件介绍中每一种常用照明元件的图形符号和文字符号，完成荧光灯双控照明线路的识读。

（2）安装规范

① 相线（L）从一个双控开关中心点进，从另一个双控开关中心点出，连接到镇流器触点；

② 荧光灯管灯脚一端连接镇流器，另一端连接零线（N）；

③ 插座安装：单相三孔插座，左接零线、右接相线、上接地线；

④ 双控开关中 L1、L2 两两相连即可。

任务实施

6.2.3　荧光灯双控照明线路安装及工艺

1. 照明线路的识读

识读照明线路并将相关内容填入表 6-8 中。

表 6-8　照明线路中的元件符号

序号	元件名称	文字符号	图形符号	数量	备注
1	熔断器	FU			
2	开关	S			
3	荧光灯	EL			
4	二极刀开关	QS			
5	镇流器	L			

2. 照明线路安装步骤及要求

（1）布局　根据设计的照明线路图，确定各元件安装的位置，要求符合规范、布局合理、结构紧凑、控制方便、美观大方。

（2）固定元件　将选择好的元件固定在网板上，排列各个元件时必须整齐，要求元件固定可靠、牢固。

（3）布线

① 红色线接电源相线（L），黑色线接零线（N），黄绿双色线接地线（PE）；相线过开关，零线一般不进开关；

② 先处理好导线，将导线拉直，消除弯、折等问题，布线要横平竖直、整齐、转弯成直角，并做到高低一致或前后一致、少交叉，应尽量避免导线接头。

（4）接线

① 按照要求的尺寸安装元件，接线盒内导线预留 10～15cm 余量；

② 接线正确，牢固，各接点不能松动，敷线平直整齐，无漏铜、反圈、压胶等问题；

③ 每个接线端子上连接的导线根数一般不超过两根，一桩一线线头要打折，一桩两线线头不打折，导线出熔断器要做"起翘"，长度在 1～1.5cm；

④ 电源相线进线接单相电能表端子"1"，电源零线进线接端子"3"，端子"2"为相线出线，端子"4"为零线出线。进/出线应合理汇集在端子排上；

⑤ 钉线卡　进出元件1个，弯角2个，横向导线线卡的钉子在导线的下方，纵向导线线卡的钉子统一位于导线的一侧（左面或右面）。

（5）检查线路　观察电路，看有没有接出多余线头。参照设计的照明电路安装图检查每条线是否严格按要求连接，每条线有没有接错位置，注意电能表的相线和零线有无接反，漏电保护器、熔断器、开关、插座等元件的接线是否正确。

（6）通电　送电由电源端开始向负载顺序送电，先合上漏电保护器开关。

（7）故障排除　操作各功能开关时，若不符合要求，应立即停电，判断照明线路的故障，可以用万用表欧姆档检查线路，但要注意人身安全和万用表档位。

3. 走线布局规划

1）安装尺寸单位为cm；

2）根据以上元件位置在电路板上完成元件布局；

3）荧光灯双控照明线路元件布局图如图6-26所示。

4. 项目验收

（1）检测方法

① 短路检测：万用表电阻档调至"R×10kΩ"档，红黑表笔分别测量二极刀开关下桩，若测得电阻值为∞，则说明电路没有短路故障；

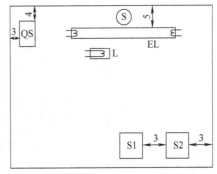

图6-26　荧光灯双控照明线路元件布局图

② 测相线（L）：将万用表电阻档调至"R×1Ω"档位，红黑表笔一表笔接触二极刀开关相线下桩，另一表笔分别接触插座的右孔和荧光灯连接镇流器端灯脚处，接触插座右孔电阻值为0Ω，接触荧光灯灯脚处，动作开关可以看到电阻值0Ω→∞或∞→0Ω的变化；

③ 测零线（N）：将万用表电阻档调至"R×1Ω"档位，红黑表笔一表笔接触刀开关零线下桩，另一表笔接触插座左孔和荧光灯另一灯脚处，测得电阻值均为0Ω，并动作开关，电阻值不变。

（2）通电步骤

① 确保线路正确无误；

② 清理线路的安装板，确保符合安全文明生产要求；

③ 闭合总电源控制，观察电源电压指示是否符合电路要求；

④ 闭合单相交流电源，电源指示灯亮起，第一次验电，验电笔插入测试插座的右孔，目的是测试电笔的性能；

⑤ 检查分断单相交流电源、分断总电源；

⑥ 连接电源线，分清相线和零线，安装熔体、荧光灯、插座；

⑦ 闭合电源总开关，闭合单相交流电源开关，两次检验两个熔断器的下桩，目的是测试电源是否送入板内，相线和零线连接是否正确；

⑧ 动作开关检查线路功能，完毕后，分断单相电源，分断总电源控制；

⑨ 第三次验电，是在拆线处验电，并拆除电源线。

（3）通电

① 通电前检查：通电前检查与通电有关的电气设备是否有不安全的因素存在，若检查出应立即整改，然后再通电。

② 在通电试时，要认真执行安全操作规程的有关规定，一人监护，一人操作。

③ 出现故障后，学生应独立进行检修。若需带电进行检查，教师必须在现场进行监护。检修完毕，若需再次试验，也应有教师在现场进行监护，并做好时间记录。

④ 通电完毕，关灯，切断电源。

任务考评

任务单

姓名		班级		成绩		工位	
任务要求	1）掌握荧光灯工作原理 2）掌握荧光灯各个元件的作用 3）掌握荧光灯照明线路的安装与维修 4）遇到问题时小组进行讨论，可让教师参与讨论，通过团队合作解决问题							
任务完成结果（故障分析、存在问题等）							注意事项	
任务步骤： 结论与分析： 心得总结：								
评阅教师：				评阅日期：			

(续)

考核细则						
根据职业资格标准、学习过程、实际操作情况、学习态度等多方面进行考核，可分为自我评价、组内互评、教师评价。得分说明：自我评价占总分的30%，组内互评占总分的30%，教师评价占总分的40%						
基本素养（20分）						
序号	考核内容	分值	自我评价	组内互评	教师评价	小计
1	签到情况、遵守纪律情况（无迟到、早退、旷课）、团队合作	6				
2	安全文明操作规程（关教室灯等）	7				
3	按照要求认真打扫卫生（检查不合格记0分）	7				
理论知识（20分）						
序号	考核内容	分值	自我评价	组内互评	教师评价	小计
1	荧光灯工作原理	6				
2	荧光灯的组成元件	4				
3	荧光灯的安装技术要求	5				
4	荧光灯检测	5				
技能操作（60分）						
序号	考核内容	分值	自我评价	组内互评	教师评价	小计
1	荧光灯组成元件识别	10				
2	荧光灯照明线路的安装	30				
3	荧光灯照明线路的安装与维修	20				
总分		100				

课后习题

1）简述荧光灯照明电路的组成。
2）简述荧光灯工作过程。
3）绘制出二极刀开关、熔断器、开关、镇流器等照明元件的图形符号和文字符号。
4）根据图6-27复合照明线路以及给定的元件布局图，绘制接线图。

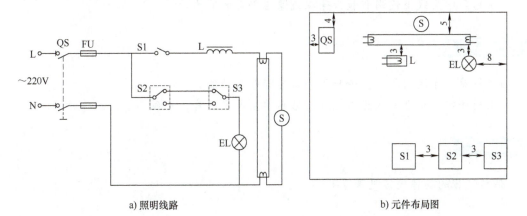

a) 照明线路　　　　　　　　　b) 元件布局图

图6-27　复合照明线路以及元件布局图

项目 7　典型电子电路的组装与调试

任务 7.1　晶体管串联可调稳压电源电路的组装与调试

知识目标

1）认识晶体管串联可调稳压电源电路中的元件以及文字、图形符号；
2）能说出晶体管串联可调稳压电源电路中的元件名称、型号、作用；
3）了解晶体管串联可调稳压电源电路的组成，会估算可调电压输出，会分析电路工作原理；
4）学会安装晶体管串联可调稳压电源电路，能够使用万用表测量相关参数，调试电路的功能。

能力目标

1）能说出晶体管串联可调稳压电源电路的元件符号以及元件作用；
2）会识别晶体管串联可调稳压电源电路中所使用的元件以及区分引脚；
3）会使用 Multisim 软件绘制并仿真晶体管串联可调稳压电源电路的功能；
4）具备完成晶体管串联可调稳压电源电路安装、测量以及调试的能力；
5）培养学生线上使用职教云等在线课程平台的能力。

素养目标

1）培养学生运用所学理论知识分析实际电路的能力；
2）引导学生重视职业能力提升，培养学生严谨认真、一丝不苟的工作精神。

实施流程

实施流程的具体内容见表 7-1。

表 7-1 实施流程的具体内容

序号	工作内容	教师活动	学生活动	学时
1	布置任务	1）通过职教云、在线课程平台公告、微信下发预习通知 2）通过在线论坛收集、分析学生疑问 3）通过职教云设置考勤	1）接受任务，明确晶体管串联可调稳压电源电路的内容 2）在线学习资料，参考教材和课件完成课前预习 3）反馈疑问 4）完成职教云签到	8学时
2	知识准备	1）讲解电源电路的组成 2）分析电源电路的功能 3）元器件布局以及安装工艺要求 4）明确任务要求以及顺序流程	1）认识电源电路的元件以及文字、图形符号 2）熟悉电源电路的组成 3）学会电源电路的分析 4）学习元器件布局以及工艺要求	
3	任务实施	1）教师下发任务单 2）督导学生完成	1）按照任务要求与教师演示过程，学生分组完成任务单 2）按照任务要求完成电源电路的仿真、安装、测量、调试 3）师生互动，讨论任务实施过程中出现的问题 4）完成任务书	
4	任务考评	1）按具体评分细则对学生进行评价 2）采用过程性考核方式，通过学生学习全过程的表现，教师给出综合评定分数	按具体评分细则进行自我评价、组内互评	

任务描述

随着社会的发展，人们的生活中出现了各种各样的电子产品，这些电子产品也带来了电源的应用需求。本节介绍的晶体管串联可调稳压电源就是一种直流电源，既可以输出稳定电压又可以调整输出电压大小。

知识准备

7.1.1 识读晶体管串联可调稳压电源电路

1. 认识晶体管串联可调稳压电源电路组成框图

晶体管串联可调稳压电源电路由电源变压器、整流电路、滤波电路、稳压电路构成，如图 7-1 所示，来自电网的交流电经过几个步骤，可以转变成平滑的直流电。

（1）电源变压器　将电网的工频交流电压转变成直流电源所需要的电压。
（2）整流电路　将大小和方向都变化的交流电变为单一方向的脉动直流电。
（3）滤波电路　将脉动直流电中的纹波成分滤掉，转变为平滑的直流电。

（4）稳压电路　使直流电源的输出电压稳定，消除电网电压波动或者负载变化对输出电压的影响。

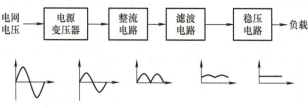

晶体管串联可调稳压电源

图 7-1　晶体管串联可调稳压电源电路组成框图

2. 认识晶体管串联可调稳压电源电路

晶体管串联可调稳压电源电路如图 7-2 所示。

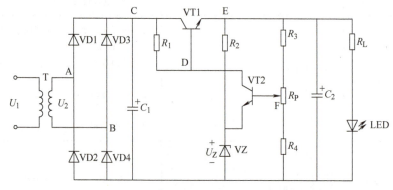

图 7-2　晶体管串联可调稳压电源电路

（1）整流电路　电路中整流二极管 VD1～VD4 构成了桥式整流电路，此时除整流电路以外，其他的电路部分可以看作负载。对于这个负载来说，当输入交流电压 U_2 为正半周期时，整流二极管 VD1、VD4 导通，当输入交流电压 U_2 为负半周期时，整流二极管 VD2、VD3 导通。此时输入电压 U_2 的正弦波形转换成脉动直流电波。交流电转变为直流电流程框架如图 7-3 所示。

图 7-3　交流电转变为直流电流程框架

（2）滤波电路　电路中采用极性电容 C_1 实现电容滤波，电容器在电路中与后端负载并联，电容作为一个储能元件可以在整流波形上升期 0°～90° 区间充电，最大值为 $\sqrt{2}U_2$，当整流波形处于 90°～180° 区间时，由于电容两端的电压不能突变，电容开始放电，放电的速度远低于波形下降的速度，故电容两端的电压波动远远小于 $\sqrt{2}U_2$，从而使波形减少波动趋于平滑，达到滤波的目的，电容滤波就是一个削峰填谷的过程。

（3）稳压电路　晶体管串联可调稳压电源电路中稳压电路为可调稳压电路，输出电压在一定范围内可以调整，可以分为取样电路、基准电路、比较放大电路、调整电路。

3. 认识可调稳压电路的组成

可调稳压电路如图 7-4 所示。

（1）取样电路　电阻 R_3、R_4 和电位器 R_P 构成取样电路，输出电压 U_O 加载在 R_3、R_4 和 R_P 上面，三个元件构成了串联的关系，在忽略晶体管 VT2 基极电流的情况下，流过两个电阻器和一个电位器的电流相等，故 R_P 与电阻器 R_3、R_4 构成分压关系。晶体管 VT2 的基极电压，即取样电压与输出电压 U_O 的关系为：

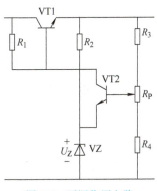

图 7-4　可调稳压电路

$$U_{B2} \approx \frac{R_4 + R_{P(下)}}{R_3 + R_4 + R_P} U_O \qquad (7-1)$$

> **注意：** 忽略晶体管 VT2 基极电流的前提是基极电流相对于流过 R_3、R_4 的电流可忽略不计。

（2）基准电路　稳压二极管 VZ 与电阻 R_2 组成基准电路，电阻 R_2 为稳压二极管的限流电阻，由于稳压二极管的工作特性，在反向击穿区，稳压二极管的电流变化很大的情况下，稳压二极管两端的电压基本不变。稳压二极管的阴极连接晶体管 VT2 的发射极，保证了 VT2 发射极的电压稳定不变。

（3）比较放大电路　晶体管 VT2 和电阻 R_1 构成比较放大电路，晶体管 VT2 的基极连接取样电路，发射极连接基准电路。取样电压和基准电压分别作用在晶体管的基极和发射极，晶体管的发射结压降，决定了晶体管 VT2 的导通情况，控制流过 VT2 的集电极电流，此电流同时也流过电阻 R_1，电流越大，电阻 R_1 两端的压降越大。

（4）调整电路　由大功率晶体管 VT1、电阻 R_1 组成调整电路，与负载构成串联关系，整流滤波以后的总电压是基本不变的，通过调整晶体管的压降 U_{CE} 就可以改变负载电压 U_O。晶体管 VT1 工作在放大状态，U_{CE} 的大小是随着基极电压 U_B 的变化而变化的，基极电压越大，晶体管压降 U_{CE} 越小，发射极电压 U_E 越高，此时，U_{BE} 为一个 PN 结压降。

7.1.2　分析晶体管串联可调稳压电源电路

1. 分析电压调节原理

1）当输入电网电压升高，负载电阻不变时，稳压过程如下：

$$U_1\uparrow \to U_O\uparrow \to U_{B2}\uparrow \to U_{BE2}\uparrow \to I_{E2}\uparrow \to U_{C2}(U_{B1})\downarrow \to U_{CE1}\uparrow$$

$$U_O\downarrow$$

2）当输入电网电压不变，负载电阻值变小时，稳压过程如下：

$$R_L\downarrow \to U_O\downarrow \to U_{B2}\downarrow \to U_{BE2}\downarrow \to I_{E2}\downarrow \to U_{C2}(U_{B1})\uparrow \to U_{CE1}\downarrow$$
$$U_O\uparrow \leftarrow$$

2. 分析输出电压大小

由取样电路可知，取样电压与输出电压的关系为：

$$U_{B2} \approx \frac{R_4 + R_{P(下)}}{R_3 + R_4 + R_P} U_O \tag{7-2}$$

变换公式即可得到输出电压与取样电压的关系为：

$$U_O \approx \frac{R_3 + R_P + R_4}{R_4 + R_{P(下)}} U_{B2} \tag{7-3}$$

由比较放大电路可知取样电压和基准电压的关系为：

$$U_{BE2} = U_{B2} - U_Z \tag{7-4}$$

代入式（7-3）可得：

$$U_O \approx \frac{R_3 + R_P + R_4}{R_4 + R_{P(下)}} (U_{BE2} + U_Z) \tag{7-5}$$

7.1.3 明确任务要求

1. Multisim 软件仿真以及数据记录

调整输入电源电压 U_2 为 AC 12V，测量各测量点的电压并记录在表 7-2 中。

表 7-2 仿真电路数据记录

测量点	U_{AB}	U_{CO}	U_{DO}	U_{EO}/范围	U_{FO}/范围
记录电压/V					

2. 绘制元器件布置布线图

1）先绘制元器件位置及焊盘格数，必备铅笔、尺子、橡皮等工具，注意元器件引脚所在的焊点要重点涂黑；

2）电路中元器件的位置尽量按照原理图位置布置；

3）元器件排布要大小合适，电路布局合理、紧凑；

4）连接导线用粗线连接，连接导线不能交叉；

5）写上元器件流水标号，并检查所有图纸，以便查看是否有漏画或画错。

3. 领取元器件

根据电路原理图识别并整理元器件清单，按照元器件清单领取元器件。

4. 电路安装工艺要求

1）按照绘制的元器件布置布线图安装和连接；

2）完成安装后，电路板板面整洁，元器件布局合理；

3）焊点要圆润、饱满、光滑、无毛刺；

4）焊点必须焊接牢靠，无虚焊、漏焊，并具有一定的机械强度；

5）焊点的锡液必须充分浸润，导通电阻要小；

6）元器件成形规范，安装正、直；

7）同类元器件的高度要一致，相同阻值的电阻排列方向一致，色环方向要统一；

8）连接线要横平竖直，引脚导线裸露不能过长。

任务实施

7.1.4 任务准备

准备工具、仪表、器材及辅助工具，见表7-3。

表7-3 工具、仪表、器材及辅助工具一览表

分类	名称	型号与规格	单位	数量
工具	电工工具	电烙铁、镊子、吸锡器、验电笔、螺钉旋具（一字和十字）、电工刀、尖嘴钳等	套	1
仪表	万用表	MF47型或自定	块	1
	示波器	XC4320型	台	1
电子元器件	万能板	5cm×7cm	块	1
	整流二极管	1N4007	个	4
	稳压二极管	1N4732（4.7V）	个	1
	发光二极管	红色LED	个	1
	晶体管	8050	个	1
	晶体管	9013	个	1
	电容	1000μF/25V	个	1
	电容	100μF/25V	个	1
	电阻	1kΩ	个	2
	电阻	510Ω	个	3
	电位器	1kΩ	个	1
辅助工具	焊锡丝	0.8mm		若干
	松香			若干
	连接导线			若干

7.1.5 线路安装与调试

1. 焊接步骤

1）根据元器件明细表配齐元器件并检测；

2）清除元器件引脚处的氧化层；

3）考虑元器件在电路板上的整体布局；

4）根据布线图将元器件从左到右焊接在电路板上；

晶体管串联可调稳压电源电路调试

5）检查焊接正确与否，是否有虚焊、漏焊。

2. 注意事项

1）整流二极管、发光二极管、电解电容等元器件需要区分极性，注意引脚的次序，并注意区分晶体管引脚顺序；

2）按照布线图焊接，不能出现虚焊、漏焊现象；

3）连接线要求横平竖直，电路板上的连接线要求贴板；

4）引入/引出线或连接导线的线头处长度不能超过1mm；

5）测量电压时，须选择适宜的量程且注意交流电压与直流电压的区别，测直流电压时正负极不能接错。

3. 安装过程的安全要求

1）正确使用电烙铁、螺钉旋具、尖嘴钳等工具，防止在操作过程中出现安全事故；

2）正确连接电源，以免出现短路或烧坏等问题；

3）使用仪表带电测量时，一定要按照仪表使用的安全规程进行。

4. 通电调试要求

1）上电之前检查元器件的走线是否正确；

2）检查有极性的元器件是否安装正确；

3）工作台上的交流电输出为 AC 12V，接入电路中，并调试电路现象；

4）在老师监护下，学生对自己安装好的电路板进行通电测试，确认功能是否实现；

5）根据任务单要求测量并记录规定点的电压数据。

任务考评

任务单

姓名		班级		成绩		工位	
任务要求	\multicolumn{7}{l	}{1）根据给出的晶体管串联可调稳压电源电路，整理元器件清单 2）根据元件清单领取元器件，并进行元器件清点、识别、检测 3）使用 Multisim 软件仿真晶体管串联可调稳压电源电路功能 4）安装晶体管串联可调稳压电源电路，测量参数，调试电路的功能 5）遇到问题时小组进行讨论，可让教师参与讨论，通过团队合作解决问题}
\multicolumn{7}{c	}{任务完成结果（故障分析、存在问题等）}	注意事项
\multicolumn{7}{l	}{1. 实际电路图}	

（续）

任务完成结果（故障分析、存在问题等）	注意事项

2. 元器件清单

序号	元器件名称	元器件型号规格	数量	备注
1				
2				
3				
4				
5				
6				
7				
8				
9				
10				
11				
12				

3. Multisim 软件仿真

测量点	U_{AB}	U_{CO}	U_{DO}	U_{EO}/范围	U_{FO}/范围
记录电压 /V					

4. 电路工作原理分析

5. 元器件布局图
1）先绘制元器件位置及焊盘格数，必备铅笔、尺子、橡皮等工具，注意元器件引脚所在的焊点要重点涂黑
2）电路中元器件的位置尽量按照原理图位置布置
3）元器件排布要大小合适，电路布局合理、紧凑
4）连接导线，用粗线连接，连接导线不能交叉
5）写上元器件流水标号，并检查所有图纸，以便查看是否有漏画或画错

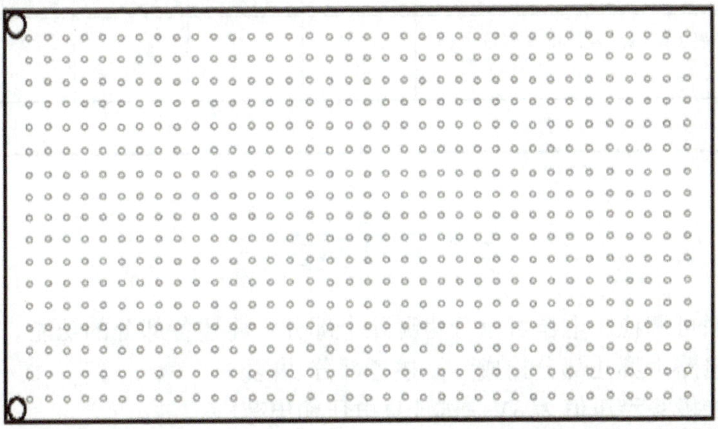

评阅教师：	评阅日期：

(续)

考核细则

根据职业资格标准、学习过程、实际操作情况、学习态度等多方面进行考核,可分为自我评价、组内互评、教师评价。得分说明:自我评价占总分的30%,组内互评占总分的30%,教师评价占总分的40%

基本素养(20分)

序号	考核内容	分值	自我评价	组内互评	教师评价	小计
1	签到情况、遵守纪律情况(无迟到、早退、旷课)、团队合作	5				
2	安全文明操作规程: 1)穿戴好防护用品,工具、仪表齐全 2)遵守操作规程 3)不损坏器材、仪表和其他物品	10				
3	按照要求认真打扫卫生(检查不合格记0分)	5				

理论知识(20分)

序号	考核内容	分值	自我评价	组内互评	教师评价	小计
1	元器件清点、识别、检测	6				
2	Multisim仿真以及数据记录	6				
3	绘制元器件布局接线图	8				

技能操作(60分)

序号	考核内容	分值	自我评价	组内互评	教师评价	小计
1	安装工艺(参照安装工艺要求)	20				
2	正确安装调试(实现电路功能)方法: 1)按图装接正确 2)电路功能完整 3)正确通电、调试	30				
3	正确使用仪表(使用仪表,正确测量数据,并记录)	10				
总分		100				

课后习题

1)晶体管串联可调稳压电源可以分为哪几个部分?简述各部分的功能。
2)可调稳压电路由哪几部分构成?简述各部分功能。
3)假设稳压二极管稳压值为3V,试计算电压输出范围。
4)仿真并分析图7-5所示电路。

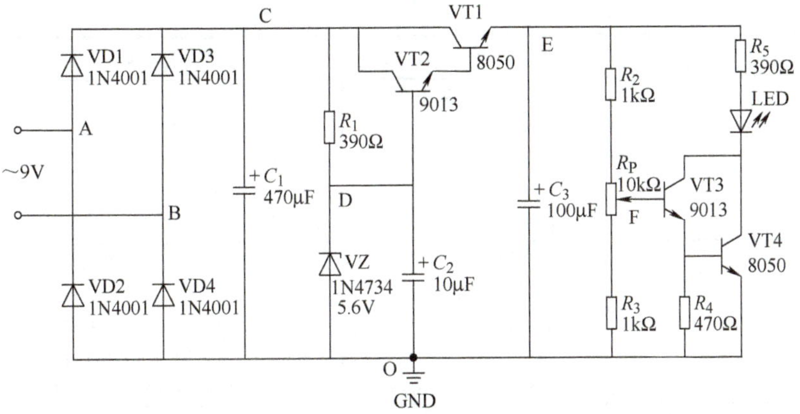

图 7-5　复合管串联稳压电源

任务 7.2　触摸延时开关电路的组装与调试

知识目标

1）认识触摸延时开关电路中的元器件以及文字、图形符号；
2）认识集成三端稳压芯片 7805 的引脚以及型号数字的含义；
3）能说出触摸延时开关电路中的元器件名称、型号、作用；
4）了解触摸延时开关电路的组成，延时的实现方式，会分析电路工作原理；
5）学会安装触摸延时开关电路，能够使用万用表测量相关参数，能调试电路的功能。

能力目标

1）能说出触摸延时开关电路的元器件符号以及元器件作用；
2）会识别触摸延时开关电路中所使用的元器件以及区分各元器件的引脚；
3）会使用 Multisim 软件绘制并仿真触摸延时开关电路功能；
4）具备完成触摸延时开关电路安装、测量以及调试的能力；
5）培养学生线上使用职教云等在线课程平台的能力。

素养目标

1）强化学生课前自主学习、培养遵守课中操作规范、注重课后知识巩固的意识；
2）引导学生重视职业能力提升，同时在课程中注重培养团队合作意识。

实施流程

实施流程的具体内容见表 7-4。

表 7-4　实施流程的具体内容

序号	工作内容	教师活动	学生活动	学时
1	布置任务	1）通过职教云、在线课程平台公告、微信下发预习通知 2）通过在线论坛收集、分析学生疑问 3）通过职教云设置考勤	1）接受任务，明确触摸延时开关的内容 2）在线学习资料，参考教材和课件完成课前预习 3）反馈疑问 4）完成职教云签到	8学时
2	知识准备	1）讲解触摸延时开关电路的组成 2）分析触摸延时开关电路的功能 3）讲解元器件布局以及安装工艺要求 4）明确任务要求以及顺序流程	1）认识触摸延时开关电路的元器件以及文字、图形符号 2）熟悉触摸延时开关电路的组成 3）学习触摸延时开关电路的分析 4）学习元器件布局以及工艺要求	
3	任务实施	1）教师下发任务单 2）督导学生完成	1）按照任务要求与教师演示过程，学生分组完成任务单 2）按照任务要求完成电路的仿真、安装、测量、调试 3）师生互动，讨论任务实施过程中出现的问题 4）完成任务书	
4	任务考评	1）按具体评分细则对学生进行评价 2）采用过程性考核方式，通过学生学习全过程的表现，教师给出综合评定分数	按具体评分细则进行自我评价、组内互评	

任务描述

在日常生活中，楼道里的照明灯一般采用触摸或声光开关控制，提供方便的同时也可以实现节能的目的。本节中的触摸延时开关电路可以实现触摸和延时的功能。本节主要内容是触摸延时开关电路的工作原理，完成触摸延时开关电路的安装和调试任务。

知识准备

7.2.1　识读触摸延时开关电路

楼道中的触摸延时开关面板如图 7-6 所示，触摸式延时开关有一个金属感应片裸露在外面，用来作为照明灯的触动开关，当人体接触面板的金属感应片时，就有信号触动触摸延时开关的电路，点亮楼道里面的照明灯，当人体离开触摸点后，照明灯依然可以持续亮一段时间，然后熄灭。

触摸延时开关电路

图 7-6　触摸延时开关面板

1. 认识触摸延时开关电路

如图 7-7 所示，触摸延时开关电路包括直流稳压电源和触摸延时电路两个部分，其中直流稳压电源用来给触摸延时电路供电。

直流稳压电源包括整流电路、滤波电路、稳压电路三个部分，其中整流电路和滤波电路部分参考任务 7.1 内容，稳压电路采用集成三端稳压器 LM7805。

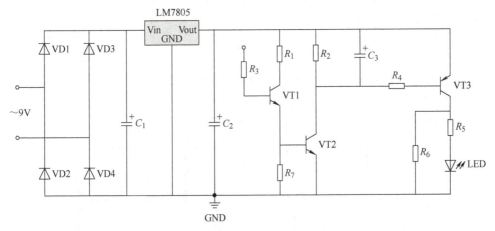

图 7-7 触摸延时开关电路

（1）整流电路　电路中整流二极管 VD1～VD4 构成了桥式整流电路；

（2）滤波电路　电路中采用电容器 C_1、C_2 实现电容滤波；

（3）稳压电路　直流稳压电源中采用的集成三端稳压器 LM7805 属于 78 系列固定集成三端稳压器，78 系列代表输出正电压，05 两位数字表示输出电压值固定为 5V，LM7805 芯片的引脚顺序如图 7-8b 所示，芯片平面面向自己，引脚从左到右依次为输入、地、输出。

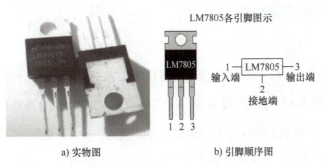

a) 实物图　　　b) 引脚顺序图

图 7-8 集成三端稳压器 LM7805

2. 认识触摸延时电路的组成

触摸延时电路如图 7-9 所示。

（1）触发信号放大电路　触发信号放大电路由晶体管 VT1、VT2 以及外围电阻组成，当有人体触摸时，会有人体泄漏的电流作为触发信号加载到触摸点上，该触发信号会使晶体管 VT1 处于导通状态，VT1 导通后，VT2 也会导通，而没有触发信号时，晶体管

VT1、VT2 截止。

（2）延时电路　延时电路主要由电容 C_3 以及周围电路组成，当晶体管 VT2 导通时，电源 V_{CC} 通过 $V_{CC} \to C_3 \to $ VT2 $\to$ GND 给电容充电，充电可以瞬间完成；当晶体管 VT2 截止后，电容 C_3 通过 $C_3 \to R_2 \to C_3$ 和 $C_3 \to $ VT3 $\to R_4 \to C_3$ 两条通路开始放电，放电的时间即延时的时间，由于 R_2 和 R_4 的阻值很大，所以放电时间比较长。电容 C_3 充/放电路径如图 7-10 所示。

（3）执行器件　执行器件由晶体管 VT3 作为开关控制 LED 灯的亮灭模拟照明灯的亮灭，当晶体管导通时，LED 灯亮，当晶体管 VT3 截止时，LED 灯灭。

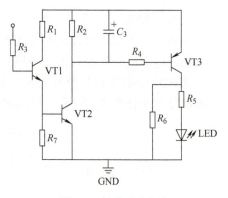

图 7-9　触摸延时电路

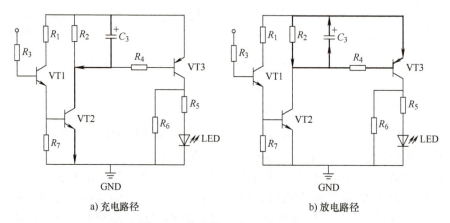

图 7-10　电容器 C_3 的充/放电路径

7.2.2　分析触摸延时开关电路

1. 分析触摸延时原理

1）M 点（电阻器 R_3 悬空的引脚端）无触摸时，晶体管 VT1 由于基极电流 $I_{B_1}=0$A 处于截止状态，晶体管 VT1 的集电极电流 $I_{C_1}=0$A，晶体管 VT2 的基极电压 U_{B_2} 为 0V，所以晶体管 VT2 也处于截止状态。VT2 的集电极电流 $I_{C_2}=0$A，电阻 R_2 上没有压降，所以晶体管 VT3 处于截止状态，LED 灯熄灭。

2）M 点触摸时，晶体管 VT1 基极有电流流过，VT1 导通，晶体管 VT2 的基极电压不为零，晶体管 VT2 导通，电阻 R_2 上有压降，电容 C_1 充电，晶体管 VT3 导通，LED 灯亮。

3）M 点触摸结束后，晶体管 VT1、VT2 截止，由于电容 C_3 两端电压不能突变，晶体管 VT3 还处于导通状态，随着电容 C_3 对电阻 R_2 放电，晶体管 VT3 由饱和导通状态到放大状态，再到截止状态，LED 灯由亮变暗直到熄灭。

2. 分析估算延时时间大小

电容是一种储能元件，可以对电荷进行存储和释放，也就是电容的充/放电过程，在充/放电电阻相同的情况下，电容的充电和放电时间相等，如图 7-11 所示。电容的充电时间可以用时间常数公式 $\tau=RC$ 表示，这个时间常数是按照电容刚上电时的充电速度，充满所需要的时间。由图 7-11 中的曲线可知，电容器的充电速度为先快后慢，实际充电时间为：

$$t_{充} = RC \times \ln\left(\frac{V_{CC} - V_{初}}{V_{CC} - V_{终}}\right) \qquad (7\text{-}6)$$

式中，$t_{充}$ 是充电时间；R 是充电支路中的电阻；C 是电容容量大小；$V_{初}$ 是电容初始电压大小；$V_{终}$ 是电容充电后电压大小。

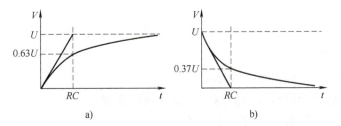

图 7-11　电容充/放电曲线

由式（7-6）可知，电容最终的电压值只可能无限接近于 V_{CC}，但不会等于 V_{CC}，所以电容电量要完全充满，需要无穷大的时间。

当 $t = RC$ 时，$V_{终} = 0.63V_{CC}$；

当 $t = 2RC$ 时，$V_{终} = 0.86V_{CC}$；

当 $t = 3RC$ 时，$V_{终} = 0.95V_{CC}$；

当 $t = 4RC$ 时，$V_{终} = 0.98V_{CC}$；

当 $t = 5RC$ 时，$V_{终} = 0.99V_{CC}$；

可见，经过 3～5 个 RC 周期后，充电过程基本结束。

触摸延时电路的充/放电通道见图 7-10，充电时充电电阻可忽略，充电瞬间完成，放电时有两个通道，但是由于电阻 R_2 远大于电阻 R_4，所以 R_2 通道对放电影响可忽略，故放电时间常数 $\tau=R_4 \times C_3$，放电时间周期为 3～5 个时间常数 τ，LED 灯亮 2～3τ 的时间。

7.2.3　明确任务要求

1. Multisim 软件仿真以及数据记录

调整输入电源电压 U_2 为 AC 9V，测量电压并记录在表 7-5 中。

表 7-5　仿真电路数据记录

测量点	U_{AB}	U_{CO}	U_{DO}	U_{EO}（无触摸）	U_{EO}（触摸时）
记录电压 /V					

2. 绘制元器件布置布线图

1）先绘制元器件位置及焊盘格数，必备铅笔、尺子、橡皮等工具，注意元器件引脚所在的焊点要重点涂黑；

2）电路中元器件的位置尽量按照原理图位置布置；

3）元器件排布要大小合适，电路布局合理、紧凑；

4）连接导线用粗线连接，连接导线不能交叉；

5）写上元器件流水标号，并检查所有图纸，以便查看是否有漏画或画错。

3. 领取元器件

根据电路原理图识别并整理元器件清单，按照元器件清单领取元器件。

4. 电路安装工艺要求

1）按照绘制的元器件布置布线图安装和连接；

2）完成安装后，电路板板面整洁，元器件布局合理；

3）焊点要圆润、饱满、光滑、无毛刺；

4）焊点必须焊接牢靠，无虚焊、漏焊，并具有一定的机械强度；

5）焊点的锡液必须充分渗透，导通电阻要小；

6）元件成形规范，安装正、直；

7）同类元器件的高度要一致，相同阻值的电阻排列方向一致，色环方向要统一；

8）连接线要横平竖直，引脚导线裸露不能过长。

任务实施

7.2.4 任务准备

准备工具、仪表、器材及辅助工具，见表 7-6。使用 Multisim 软件仿真电路功能。

表 7-6　工具、仪表、器材及辅助工具一览表

分类	名称	型号与规格	单位	数量
工具	电工工具	电烙铁、镊子、吸锡器、验电笔、螺钉旋具（一字和十字）、电工刀、尖嘴钳等	套	1
仪表	万用表	MF47 型或自定	块	1
	示波器	XC4320 型	台	1

（续）

分类	名称	型号与规格	单位	数量
电子元器件	万能板	5cm×7cm	块	1
	整流二极管	1N4007	个	4
	集成稳压器	LM7805	块	1
	发光二极管	红色 LED	个	1
	晶体管	9013	个	2
	晶体管	9012	个	1
	电容	470μF	个	1
	电容	100μF	个	2
	电阻	2.2MΩ	个	2
	电阻	1MΩ	个	3
	电阻	100kΩ	个	1
	电阻	51kΩ	个	1
	电阻	10kΩ	个	1
	电阻	1kΩ	个	1
	电阻	470Ω	个	1
辅助工具	焊锡丝	0.8mm		若干
	松香			若干
	连接导线			若干

7.2.5 线路安装与调试

1. 焊接步骤

1）根据元器件明细表配齐元器件并检测；
2）清除元器件引脚处的氧化层；
3）考虑元器件在电路板上的整体布局；
4）根据布线图将元器件从左到右焊接在电路板上；
5）检查焊接正确与否，是否有虚焊、漏焊。

触摸延时开关电路调试

2. 注意事项

1）整流二极管、发光二极管、电解电容等元器件需要区分极性，注意引脚的次序，并注意区分 NPN 和 PNP 以及引脚顺序；
2）按照布线图不能出现虚焊、漏焊现象；
3）连接线要求横平竖直，电路板上的连接线要求贴板；
4）引入/引出线或连接导线的线头处长度不能超过 1mm；

5）测量电压时，需选择适宜的量程且注意交流电压与直流电压的区别，测直流电压时正负极不能接错。

3. 安装过程的安全要求

1）正确使用电烙铁、螺钉旋具、尖嘴钳等工具，防止在操作过程中出现安全事故；
2）正确连接电源，以免出现短路或烧坏等问题；
3）使用仪表带电测量时，一定要按照仪表使用的安全规程进行。

4. 通电调试要求

1）上电之前检查元器件的走线是否正确；
2）检查有极性的元器件是否安装正确；
3）工作台上的交流电输出为 AC 9V，接入电路中，并调试电路现象；
4）在教师监护下，学生对自己安装好的电路板进行通电测试，确认功能是否达到；
5）根据任务单要求测量并记录规定点的电压数据。

任务考评

任务单

姓名		班级		成绩		工位	
任务要求	1）根据给出的触摸延时开关电路，整理元器件清单 2）根据元器件清单领取电子元器件，并进行元器件清点、识别、检测 3）使用 Multisim 软件仿真触摸延时开关电路功能 4）安装触摸延时开关电路，能调试电路的功能 5）遇到问题时小组进行讨论，可让教师参与讨论，通过团队合作解决问题							
任务完成结果（故障分析、存在问题等）							注意事项	

1. 实际电路图

（续）

任务完成结果（故障分析、存在问题等）					注意事项

2. 元器件清单

序号	元器件名称	元器件型号规格	数量	备注
1				
2				
3				
4				
5				
6				
7				
8				
9				
10				
11				
12				
13				
14				

3. Multisim 软件仿真

测量点	U_{AB}	U_{CO}	U_{DO}	U_{EO}（无触摸）	U_{EO}（触摸时）
记录电压 /V					

4. 电路工作原理分析

5. 元器件布局图
1）先绘制元器件位置及焊盘格数，必备铅笔、尺子、橡皮等工具，注意元器件引脚所在的焊点要重点涂黑
2）电路中元器件的位置尽量按照原理图位置布置
3）元器件排布要大小合适，电路布局合理，紧凑
4）连接导线，用粗线连接，连接导线不能交叉
5）写上元器件流水标号，并检查所有图纸，以便查看是否有漏画或画错

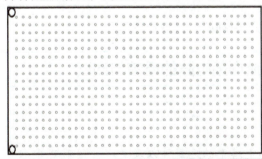

评阅教师：	评阅日期：

（续）

考核细则

根据职业资格标准、学习过程、实际操作情况、学习态度等多方面进行考核，可分为自我评价、组内互评、教师评价。
得分说明：自我评价占总分的30%，组内互评占总分的30%，教师评价占总分的40%

基本素养（20分）

序号	考核内容	分值	自我评价	组内互评	教师评价	小计
1	签到情况、遵守纪律情况（无迟到、早退、旷课）、团队合作	5				
2	安全文明操作规程： 1）穿戴好防护用品，工具、仪表齐全 2）遵守操作规程 3）不损坏器材、仪表和其他物品	10				
3	按照要求认真打扫卫生（检查不合格记0分）	5				

理论知识（20分）

序号	考核内容	分值	自我评价	组内互评	教师评价	小计
1	元器件清点、识别、检测	6				
2	Multisim仿真以及数据记录	6				
3	绘制元器件布局接线图	8				

技能操作（60分）

序号	考核内容	分值	自我评价	组内互评	教师评价	小计
1	安装工艺（参照安装工艺要求）	20				
2	正确安装调试（实现电路功能）方法： 1）按图装接正确 2）电路功能完整 3）正确通电、调试	30				
3	正确使用仪表（使用仪表正确测量数据，并记录）	10				
	总分	100				

课后习题

1）触摸延时开关电路中的晶体管VT1、VT2工作在什么状态？
2）请分析当M点有接触和无接触时，晶体管VT2的基极电压变化。
3）简述电路的工作原理。
4）绘制触摸延时开关电路原理图（尺规作图）。

任务7.3 无稳态多谐振荡电路的组装与调试

知识目标

1）认识无稳态多谐振荡电路中的元器件以及文字、图形符号；
2）能说出无稳态多谐振荡电路中的元器件名称、型号、作用；

3）了解无稳态多谐振荡电路的组成，会估算振荡周期，会分析电路工作原理；
4）学会安装无稳态多谐振荡电路，能够使用示波器测量相关参数，能调试电路的功能。

能力目标

1）能说出无稳态多谐振荡电路的元器件符号以及元器件作用；
2）会识别无稳态多谐振荡电路中所使用的元器件以及区分各元器件的引脚；
3）会使用 Multisim 软件绘制并仿真无稳态多谐振荡电路功能；
4）具备完成无稳态多谐振荡电路安装、测量以及调试的能力；
5）培养学生线上使用职教云、抖音、微信等在线课程平台的能力。

素养目标

1）在任务实施过程中注重培养学生主动探究学习的能力，养成操作规范、认真负责、细心操作的工作习惯；
2）在教学中培养学生爱护公物、遵守职业规范等习惯，落实责任心和职业道德。

实施流程

实施流程的具体内容见表 7-7。

表 7-7 实施流程的具体内容

序号	工作内容	教师活动	学生活动	学时
1	布置任务	1）通过职教云、在线课程平台公告、微信下发预习通知 2）通过在线论坛收集、分析学生疑问 3）通过职教云设置考勤	1）接受任务，明确多谐振荡电路的内容 2）在线学习资料，参考教材和课件完成课前预习 3）反馈疑问 4）完成职教云签到	8学时
2	知识准备	1）讲解无稳态多谐振荡电路的组成 2）分析无稳态多谐振荡电路的功能 3）元器件布局以及安装工艺要求 4）明确任务要求以及顺序流程	1）认识无稳态多谐振荡电路的元器件以及文字、图形符号 2）熟悉无稳态多谐振荡电路的组成 3）学习无稳态多谐振荡电路的分析 4）学习元器件布局以及工艺要求	
3	任务实施	1）教师下发任务单 2）督导学生完成	1）按照任务要求与教师演示过程，学生分组完成任务单 2）按照任务要求完成电路的仿真、安装、测量、调试 3）师生互动，讨论任务实施过程中出现的问题 4）完成任务书	
4	任务考评	1）按具体评分细则对学生进行评价 2）采用过程性考核方式，通过学生学习全过程的表现，教师给出综合评定分数	按具体评分细则进行自我评价、组内互评	

任务描述

无稳态多谐振荡电路是一种应用十分广泛的电子电路，如汽车转向灯、报警器等。本节主要内容学习无稳态多谐振荡电路的工作原理，完成无稳态多谐振荡电路的安装、测量、调试任务。

知识准备

7.3.1 识读无稳态多谐振荡电路

1. 认识无稳态多谐振荡电路

如图 7-12 所示，无稳态多谐振荡电路包括直流稳压电源和多谐振荡电路两个部分，其中直流稳压电源用来给多谐振荡电路供电。

直流稳压电源包括整流电路、滤波电路、稳压电路三个部分，其中整流电路和滤波电路部分参考任务 7.1 内容，稳压电路采用集成三端稳压器 LM7805。

无稳态多谐振荡电路

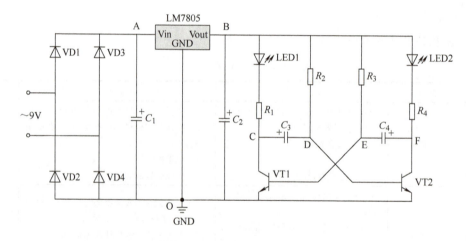

图 7-12 无稳态多谐振荡电路

（1）整流电路　电路中整流二极管 VD1～VD4 构成了桥式整流电路；

（2）滤波电路　电路中采用电容 C_1、C_2 实现电容滤波；

（3）稳压电路　电源电路中采用的集成三端稳压器 LM7805 属于 78 系列固定输出式三端集成三端稳压器，78 系列代表输出正电压，05 两位数字表示输出电压值为固定 5V，LM7805 芯片的引脚顺序见图 7-8b。

2. 认识多谐振荡电路的组成

分立元器件构成的多谐振荡器电路如图 7-13 所示，

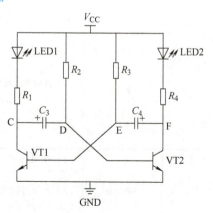

图 7-13 分立元器件构成的多谐振荡器电路

是一种无稳态电路。电路中左边和右边元器件以及元器件参数完全一致,电路含有两个状态,都是暂稳态,在接通电源后,不需要外加触发信号,就能自动地不断翻转,产生脉冲。

(1) 晶体管开关电路 图7-13中两个晶体管VT1、VT2在饱和与截止两个状态之间交替工作,即VT1饱和,则VT2截止,VT1截止,则VT2饱和,两种状态周期性地互换。当某一个晶体管导通时,对应支路的LED点亮,当晶体管截止时,对应的LED熄灭。

(2) 电容充/放电电路 多谐振荡器中的电容 C_3、C_4 在工作中交替充电和放电,从而使电路产生振荡,故 C_3 与 C_4 上面的波形完全相反,C_3 充电对应 C_4 的放电。如图7-14所示,电路中电容 C_3 通过 $V_{CC} \rightarrow LED1 \rightarrow R_1 \rightarrow C_3 \rightarrow VT2 \rightarrow GND$ 充电,通过 $V_{CC} \rightarrow R_2 \rightarrow C_3 \rightarrow VT1 \rightarrow GND$ 放电。

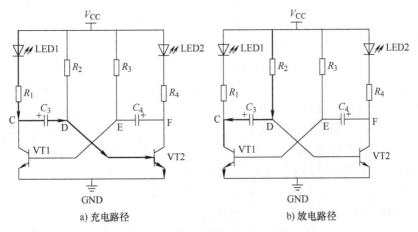

图7-14 电容器 C_3 充/放电路径

(3) 电容 C_3 充/放电曲线 图7-14中的电容 C_3 充电时,电路中晶体管VT2导通,此时LED2亮,电容 C_3 右侧D点的电位一直保持在0.7V,如图7-15所示,电容左侧C点电位在充电的情况下,逐渐上升到3.4V。当 C_3 处于放电状态时,VT1导通,此时电容 C_3 左侧C点电位由于VT1导通接近0V,电容器两端电压不能突变,右侧D点电位变成负值,VT2截止,见图7-15。伴随电容 C_3 的放电,D点电位逐渐上升,直至0.7V。

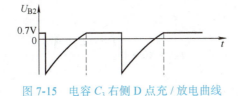

图7-15 电容 C_3 右侧D点充/放电曲线

7.3.2 分析无稳态多谐振荡电路

无稳态多谐振荡电路也称自激多谐振荡器,电路中,施加电源 V_{CC} 后,晶体管VT1和VT2在电容的作用下,反复导通、截止,产生持续震荡,电路无稳态,两只晶体管处于暂稳态。

1. 分析多谐振荡电路

当接通电源瞬间，由于晶体管参数不可能完全一致，必然存在一些差异，导致两只晶体管中的一只导通程度高于另外一只晶体管。假设 VT1 导通程度高于 VT2，VT1 的集电极电流大于 VT2 的集电极电流，则通过 C_3 反馈导致 VT2 的基极电位 D 点电位变低，基极电流变小，加速 VT2 的集电极电流变小，F 点电位升高，从而导致 E 点电位即 VT1 的基极电位升高。E 点电位升高使 VT1 基极电流增大，集电极电流增大，如此形成正反馈，使 VT1 迅速饱和，而 VT1 饱和，其 CE 结近似于短路，C_3 的正极 C 点电位发生突变到接近于零，LED1 被点亮，由于 C_3 的端电压不能突变，此时将迫使 VT2 的基极电位 D 点电位瞬间下降到负值，于是 VT2 可靠截止，LED2 被熄灭。

VT1 维持饱和状态，此时 C 点电位接近于 0，C_3 通过放电和反向充电，当 D 点电位上升到 0.7V 左右，即 VT2 的基极电位上升到 0.7V 左右，导致 VT2 进入饱和导通状态，F 点电位瞬间下降到接近于 0V，LED2 被点亮，因为电容器的电压不能突变，迫使 E 点电压下降到负值，使得 VT1 进入到了截止状态，LED1 被熄灭，D 点电位维持在 0.7V 左右，出现了 VT1 截止而 VT2 导通这种暂稳态，如图 7-16 所示。

C_4 通过 V_{CC}、R_3 缓慢放电，使 E 点电位缓慢上升，当 E 点电位上升到 0.7V 左右时，使得 VT1 进入到导通状态，C 点电位下降到接近于

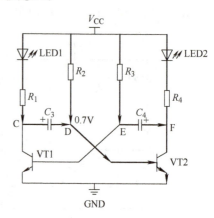

图 7-16　电容 C_3 充电、电容 C_4 放电通路

0V，LED1 被点亮，因为电容 C_3 两端电压不能突变，将迫使 D 点电位下降到负值（-2.7V 左右），使得 VT2 进入到截止状态，LED2 被熄灭，此时电路又进入了 VT1 导通，VT2 截止这种暂稳态。

2. 分析估算振荡周期大小

根据前面的分析可以知道，多谐振荡电路产生持续振荡，电路一直在两个状态间切换，两个暂稳态的时间是一样的，故分析其中一个状态即可得到整个周期的时间，为了分析的方便采用电容的放电支路来分析更加简洁。图 7-14 中电容 C_3 的放电通路，带入电容的充电可以得到

$$t_充 = RC \times \ln\left(\frac{V_{CC} - V_初}{V_{CC} - V_终}\right) \tag{7-7}$$

$t \approx 0.58 \times R_2 \times C_3$，故整个周期为 $1.16 \times R_2 \times C_3$。

7.3.3 明确任务要求

1. Multisim 软件仿真以及数据记录

1）调整输入电源电压 U_2 为 AC 9V，测量电压并记录在表 7-8 中。

表 7-8　仿真电路数据记录

测量点	U_{AO}	U_{BO}
记录电压 /V		

2）使用仿真电路测试 C 点和 D 点波形。利用示波器记录波形：

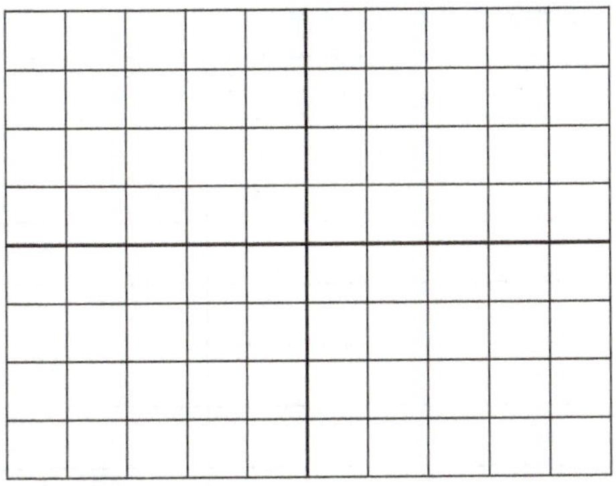

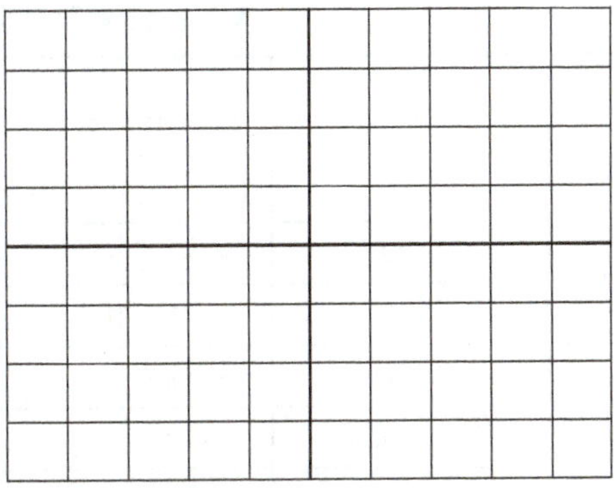

旋钮开关位置：　　　　　　　　　　　旋钮开关位置：
V/div_____　t/div_____　　　　　 V/div_____　t/div_____

读数记录：　　　　　　　　　　　　　读数记录：
电压有效值_____　周期_____　　　 电压值_____　周期_____

2. 绘制元器件布置布线图

1）先绘制元器件位置及焊盘格数，必备铅笔、尺子、橡皮等工具，注意元器件引脚所在的焊点要重点涂黑；
2）电路中元器件的位置尽量按照原理图位置布置；
3）元器件排布要大小合适，电路布局合理、紧凑；
4）连接导线用粗线连接，连接导线不能交叉；
5）写上元器件流水标号，并检查所有图纸，以便查看是否有漏画或画错。

3. 领取元器件

根据电路原理图识别并整理元器件清单，并按照元器件清单领取元器件。

4. 电路安装工艺要求

1）按照绘制的元器件布置布线图安装和连接；
2）完成安装后，电路板板面整洁，元器件布局合理；
3）焊点要圆润、饱满、光滑、无毛刺；
4）焊点必须焊接牢靠，无虚焊、漏焊，并具有一定的机械强度；
5）焊点的锡液必须充分浸润，导通电阻要小；
6）元器件成形规范，安装正、直；
7）同类元器件的高度要一致，相同阻值的电阻排列方向一致，色环方向要统一；
8）连接线要横平竖直，引脚导线裸露不能过长。

任务实施

7.3.4 任务准备

准备工具、仪表、器材及辅助工具,见表 7-9。使用 Multisim 软件仿真电路功能。

表 7-9 工具、仪表、器材及辅助工具一览表

分类	名称	型号与规格	单位	数量
工具	电工工具	电烙铁、镊子、吸锡器、验电笔、螺钉旋具(一字和十字)、电工刀、尖嘴钳等	套	1
仪表	万用表	MF47 型或自定	块	1
	示波器	XC4320 型	台	1
电子元器件	万能板	5cm×7cm	块	1
	整流二极管	1N4007	个	4
	集成稳压器	LM7805	块	1
	发光二极管	红色 LED	个	2
	晶体管	9013	个	2
	电容	470μF/25V	个	1
	电容	100μF/25V	个	1
	电容	47μF/25V	个	2
	电阻	5.1kΩ	个	2
	电阻	1kΩ	个	2
辅助工具	焊锡丝	0.8mm		若干
	松香			若干
	连接导线			若干

7.3.5 线路安装与调试

1. 焊接步骤

1)根据元器件明细表配齐元器件并检测;
2)清除元器件引脚处的氧化层;
3)考虑元器件在电路板上的整体布局;
4)根据布线图将元器件从左到右焊接在电路板上;
5)检查焊接正确与否,是否有虚焊、漏焊。

无稳态多谐振荡电路调试

2. 注意事项

1)整流二极管、发光二极管、电解电容、集成稳压器 LM7805 等元器件需要区分极性,注意引脚的次序,并注意区分 NPN 和 PNP 以及引脚顺序;
2)按照布线图接线,不能出现虚焊、漏焊现象;

3）连接线要求横平竖直，电路板上的连接线要求贴板；

4）引入/引出线或连接导线的线头处长度不能超过1mm；

5）测量电压时，应选择适宜的量程且注意交流电压与直流电压的区别，测直流电压时正负极不能接错；

6）测量波形时，需选择适宜的档位，注意微调旋钮的位置，调试并记录波形。

3. 安装过程的安全要求

1）正确使用电烙铁、螺钉旋具、尖嘴钳等工具，防止在操作过程中发生安全事故；

2）正确连接电源，以免出现短路或烧坏等问题；

3）使用仪表带电测量时，一定要按照仪表使用的安全规程进行。

4. 通电调试要求

1）上电之前检查元器件的走线是否正确；

2）检查有极性的元器件是否安装正确；

3）工作台上的交流电输出为 AC 9V，接入电路中，并调试电路现象；

4）在教师监护下，学生对自己安装好的电路板进行通电测试，确认功能是否达到；

5）根据任务单要求测量并记录规定点的电压数据和波形。

任务考评

任务单

姓名		班级		成绩		工位	
任务要求	\multicolumn{7}{l|}{1）根据给出的触摸延时开关电路，整理元器件清单 2）根据元器件清单领取电子元器件，并进行元器件清点、识别、检测 3）使用 Multisim 软件仿真无稳态多谐振荡电路功能 4）安装无稳态多谐振荡电路，能调试电路的功能 5）遇到问题时小组进行讨论，可让教师参与讨论，通过团队合作解决问题}

任务完成结果（故障分析、存在问题等）	注意事项
1. 实际电路图	

（续）

任务完成结果（故障分析、存在问题等）				注意事项

2. 元器件清单

序号	元器件名称	元器件型号规格	数量	备注
1				
2				
3				
4				
5				
6				
7				
8				
9				
10				

3. Multisim 软件仿真

1）调整输入电源电压 U_2 为 AC 9V，测量电压并记录在下表中

测量点	U_{AO}	U_{BO}
记录电压 /V		

2）使用仿真电路测试 C 点、D 点波形；利用示波器记录波形

旋钮开关位置：
V/div_____ t/div_____

旋钮开关位置：
V/div_____ t/div_____

读数记录：
电压有效值_____ 周期_____

读数记录：
电压值_____ 周期_____

4. 电路工作原理分析

（续）

任务完成结果（故障分析、存在问题等）	注意事项
5. 元器件布局图 1）先绘制元器件位置及焊盘格数，必备铅笔、尺子、橡皮等工具，注意元器件引脚所在的焊点要重点涂黑 2）电路中元器件的位置尽量按照原理图位置布置 3）元器件排布要大小合适，电路布局合理，紧凑 4）连接导线，用粗线连接，连接导线不能交叉 5）写上元器件流水标号，并检查所有图纸，以便查看是否有漏画或画错	

评阅教师：	评阅日期：

考核细则

根据职业资格标准、学习过程、实际操作情况、学习态度等多方面进行考核，可分为自我评价、组内互评、教师评价。得分说明：自我评价占总分的30%，组内互评占总分的30%，教师评价占总分的40%

基本素养（20分）

序号	考核内容	分值	自我评价	组内互评	教师评价	小计
1	签到情况、遵守纪律情况（无迟到、早退、旷课）、团队合作	5				
2	安全文明操作规程： 1）穿戴好防护用品，工具、仪表齐全 2）遵守操作规程 3）不损坏器材、仪表和其他物品	10				
3	按照要求认真打扫卫生（检查不合格记0分）	5				

理论知识（20分）

序号	考核内容	分值	自我评价	组内互评	教师评价	小计
1	元器件清点、识别、检测	6				
2	Multisim仿真以及数据记录	6				
3	绘制元器件布局接线图	8				

技能操作（60分）

序号	考核内容	分值	自我评价	组内互评	教师评价	小计
1	安装工艺（参照安装工艺要求）	20				
2	正确安装调试（实现电路功能）： 1）按图装接正确 2）电路功能完整 3）正确通电、调试	30				
3	正确使用仪表（使用仪表，正确测量数据，并记录）	10				
	总分	100				

> **课后习题**

1）无稳态多谐振荡电路中改变哪些元器件参数可以改变振荡周期？
2）简述无稳态多谐振荡电路的工作原理。
3）设计一个多谐振荡电路，使其一个暂稳态周期为 0.8s，一个暂稳态周期为 0.5s，并使用 Multisim 软件仿真其工作原理。

任务 7.4　小信号调光电路的组装与调试

知识目标

1）认识电路中的元器件，尤其是复合管、MOS 管以及 LM358 芯片，熟悉其文字及图形符号；
2）能说出小信号调光电路中的元器件名称、型号、作用；
3）认识小信号调光电路的组成，会分析运算放大电路和电压比较电路；
4）在了解电路组成以及各部分电路功能的基础上，会分析电路的工作原理；
5）学会安装小信号调光电路，能够使用示波器测量相关参数，能调试电路的功能。

能力目标

1）能说出小信号调光电路中的元器件符号及作用；
2）会识别小信号调光电路中所使用的元器件以及区分管脚；
3）会使用 Multisim 软件绘制并仿真小信号调光电路功能；
4）具备完成小信号调光电路安装与调试的能力；
5）培养学生线上使用职教云等在线课程平台的能力。

素养目标

1）在任务实施过程中培养学生规范操作仪器仪表、自觉遵守安全及规范操作的良好习惯；
2）引导学生自主分析电路原理，培养学生善于思考、分析解决问题的能力。

实施流程

实施流程的具体内容见表 7-10。

表 7-10 实施流程的具体内容

序号	工作内容	教师活动	学生活动	学时
1	布置任务	1）通过职教云、在线课程平台公告、微信下发预习通知 2）通过在线论坛收集、分析学生疑问 3）通过职教云设置考勤	1）接受任务，明确小信号调光电路的内容 2）在线学习资料，参考教材和课件完成课前预习 3）反馈疑问 4）完成职教云签到	8学时
2	知识准备	1）讲解小信号调光电路的组成 2）分析小信号调光电路的功能 3）元器件布局以及安装工艺要求 4）明确任务要求，以及顺序流程	1）认识小信号调光电路的元器件符号 2）熟悉小信号调光电路组成 3）学习小信号调光电路的分析 4）学习元器件布局以及工艺要求	
3	任务实施	1）教师下发任务单 2）督导学生完成	1）按照任务要求与教师演示过程，学生分组完成任务单 2）按照任务要求完成电路的仿真、安装、测量、调试 3）师生互动，讨论任务实施过程中出现的问题 4）完成任务书	
4	任务考评	1）按具体评分细则对学生进行评价 2）采用过程性考核方式，通过学生学习全过程的表现，教师给出综合评定分数	按具体评分细则进行自我评价、组内互评	

任务描述

运算放大器的应用电路是电子技术的重要组成部分，本项目选用调光电路作为载体，使用运算放大器实现信号的放大、比较，用来作为 LED 的驱动电路脉冲信号，从而实现 LED 亮暗调整。本项目任务是完成小信号调光电路的安装、测量、调试。

知识准备

7.4.1 识读小信号调光电路

1. 认识小信号调光电路组成

如图 7-17 所示，小信号调光电路包括直流稳压电路和调光电路两个部分，其中直流稳压电路采用复合管串联稳压电路。

调光电路包括信号放大电路、电压比较电路和 LED 驱动电路三部分。

（1）信号放大电路　电路中 U1A 以及周围的电阻构成了同相比例放大电路；

（2）电压比较电路　电路中 U1B 以及周围的电阻构成了单门限电压比较器；

（3）LED 驱动电路　VT2、R_2、R_4 构成了 LED 驱动电路。

小信号调光电路

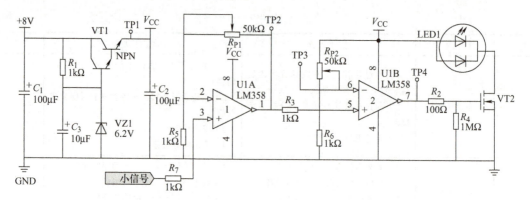

图 7-17 小信号调光电路

2. 认识信号放大电路

信号放大电路是由运算放大器 U1A 构成的同相比例放大电路，接下来详细分析信号放大电路。

（1）同相比例放大电路如图 7-18 所示 根据理想运算放大器"虚断"和"虚短"结论，可以得出

$$u_+ = u_i, \quad u_i \approx u_- = u_o \frac{R_1}{R_1 + R_f} \tag{7-8}$$

$$u_o = \left(1 + \frac{R_f}{R_1}\right) u_i \tag{7-9}$$

（2）信号放大电路 如图 7-19 所示，输入的 10mV/100Hz 信号波形输入到运算放大器的同相输入端，运算放大器的放大倍数根据式（7-9）可知

$$u_o = \left(1 + \frac{R_{P1}}{R_6}\right) u_i \tag{7-10}$$

根据电路参数可知放大电路的最大放大倍数为 51 倍。信号放大电路如图 7-19 所示。

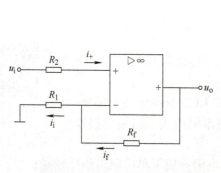

图 7-18 同相比例放大电路

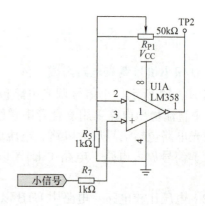

图 7-19 信号放大电路

3. 认识电压比较电路

如图 7-20 电压比较电路所示，U1B 为运算放大器 LM358 中的一个运算放大器，在电路中作为比较器使用。在电路中运算放大器的同相输入端为输入信号 TP2，反向输入端为参考电压 TP3，当输入信号电压 TP2 大于参考电压 TP3 时，即差模输入电压为正，运算放大器处于饱和状态，输出电压 TP4 为 V_{CC}；当输入信号电压 TP2 小于参考电压 TP3 时，运算放大器处于负饱和状态，输出电压 TP4 为 GND。由于输入信号 TP2 为交流信号，其大小一直在变化，故输出信号 TP4 为矩形波脉冲信号。当改变 R_{P2} 的阻值即可改变参考电压时，改变参考电压即改变了门限比较电压，就可以改变输出信号的占空比。

4. 认识 LED 驱动电路

如图 7-21 LED 驱动电路所示，采用 MOS 管作为 LED 的驱动，MOS 管的开关取决于输入的脉冲信号 TP4，当改变输入脉冲信号的占空比后即可改变 MOS 管的导通时长，从而改变 LED 的亮暗情况。

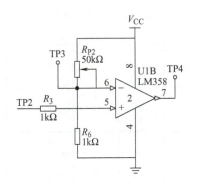

图 7-20　电压比较电路

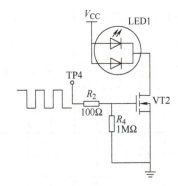

图 7-21　LED 驱动电路

7.4.2　分析小信号调光电路

图 7-17 中，调光电路包括直流稳压电路和调光电路两个部分，其中直流稳压电路采用复合管串联稳压电路。电源电压为直流电压 8V，稳压管稳压值为 6.2V，稳压管的阴极同时连接复合管的基极，复合管基极电压确定以后，输出电压 TP1 也就固定了。

电路中的信号放大电路和电压比较电路中所使用的运算放大器 U1A 和 U1B 分别是 LM358 的两个部分，LM358 引脚定义如图 7-22 所示。来自外部的 10mV/100Hz 信号输入到 U1A 的同相输入端，经运算放大以后，输入到 U1B 构成的电压比较器的同相端，输出的矩形波脉冲信号用来控制 LED 的驱动芯片。电路中有两个变阻器 R_{P1} 和 R_{P2}，其中变阻器 R_{P1} 用来调整输入信号的放大倍数，R_{P2} 用来调整电压比较电路的比较门槛，两个变阻器配合使用可以改变矩形脉冲信号的占空比，从而改变 LED 的亮暗程度。

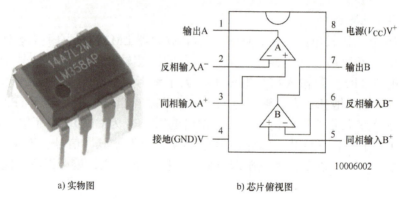

a) 实物图　　　　　　　　　　　　b) 芯片俯视图

图 7-22　LM358 的引脚定义

7.4.3　明确任务要求

1. Multisim 软件仿真以及数据记录

1）调整输入电源电压为 DC 8V；

2）仿真电路并测试 TP2 点，及 TP4 点的波形，并使用示波器记录波形：

旋钮开关位置：　　　　　　　　　　旋钮开关位置：

V/div_____　t/div_____　　　　V/div_____　t/div_____

读数记录：　　　　　　　　　　　　读数记录：

电压有效值_____　周期_____　　电压值_____　周期_____

2. 绘制元器件布置布线图

1）先绘制元器件位置及焊盘格数，必备铅笔、尺子、橡皮等工具，注意元器件引脚所在的焊点要重点涂黑；

2）电路中元器件的位置尽量按照原理图位置布置；

3）元器件排布要大小合适，电路布局合理、紧凑；

4）连接导线用粗线连接，连接导线不能交叉；

5）写上元器件流水标号，并检查所有图纸，以便查看是否有漏画或画错。

3. 领取元器件

根据电路原理图识别并整理元器件清单，按照元器件清单领取元器件。

4. 电路安装工艺要求

1）按照绘制的元器件布置布线图安装和连接；
2）完成安装后，电路板板面整洁，元器件布局合理；
3）焊点要圆润、饱满、光滑、无毛刺；
4）焊点必须焊接牢靠，无虚焊、漏焊，并具有一定的机械强度；
5）焊点的锡液必须充分浸润，导通电阻值要小；
6）元件成形规范，安装正、直；
7）同类元器件的高度要一致，相同电阻值的电阻器排列方向一致，色环方向要统一；
8）连接线要横平竖直，引脚导线裸露不能过长。

任务实施

7.4.4 任务准备

1. 准备

工具、仪表、器材及辅助工具见表 7-11。

表 7-11　工具、仪表、器材及辅助工具一览表

分类	名称	型号与规格	单位	数量
工具	电工工具	电烙铁、镊子、吸锡器、验电笔、螺钉旋具（一字和十字）、电工刀、尖嘴钳等	套	1
仪表	万用表	MF47 型或自定	块	1
	示波器	XC4320 型	台	1
	函数信号发生器	美创 MFG-8205	台	1
电子元器件	万能板	15cm×9cm	块	1
	LM358	LM358	个	1
	底座	dip-8	个	1
	稳压管	1N4735（6.2V）	个	1
	发光二极管	LED 灯盘（5V/12W）	个	1
	晶体管	BD683	个	1
	MOS 管	IRF540	个	1
	电容	100μF	个	2
	电容	10μF	个	1
	变电阻	50kΩ	个	2
	电阻	1MΩ	个	1
	电阻	1kΩ	个	5
	电阻	100Ω	个	1
辅助工具	焊锡丝	0.8mm		若干
	松香			若干
	连接导线			若干

2. Multisim 软件仿真

Multisim 仿真要求以及数据记录。

7.4.5 线路安装与调试

小信号调光
电路调试

1. 焊接步骤

1）根据元器件明细表配齐元器件并检测；
2）清除元器件引脚处的氧化层；
3）考虑元器件在电路板上的整体布局；
4）根据布线图将元器件从左到右焊接在电路板上；
5）检查焊接正确与否，是否有虚焊、漏焊。

2. 注意事项

1）整流二极管、发光二极管、电解电容、复合晶体管、MOS 管、LM358 等元器件需要区分极性，并注意引脚的次序；
2）芯片的位置需要确认焊接底座，芯片安装在底座上；
3）按照布线图不能出现虚焊、漏焊现象；
4）连接线要求横平竖直，电路板上的连接线要求贴板；
5）引入/引出线或连接导线的线头处长度不能超过 1mm；
6）测量波形时，需选择适宜的档位，注意微调旋钮的位置，调试并记录波形。

3. 安装过程的安全要求

1）正确使用电烙铁、螺钉旋具、尖嘴钳等工具，防止在操作过程中发生安全事故；
2）正确连接电源，以免出现短路或烧坏等问题；
3）使用仪表带电测量时，一定要按照仪表使用的安全规程进行。

4. 通电调试要求

1）上电之前检查元器件的走线是否正确；
2）检查有极性的元器件是否安装正确；
3）工作台上的交流电输出为 DC 8V，接入电路中，并调试电路现象；
4）在教师监护下，学生对自己安装好的电路板进行通电测试，确认功能是否达到；
5）根据任务单要求测量并记录规定点的电压数据和波形。

任务考评

任务单

姓名		班级		成绩		工位	
任务要求	1）根据给出的小信号调光电路，整理元器件清单 2）根据元器件清单领取电子元器件，并进行元器件清点、识别、检测 3）使用 Multisim 软件仿真小信号调光电路功能 4）安装小信号调光电路，能调试电路的功能 5）遇到问题时小组进行讨论，可让教师参与讨论，通过团队合作解决问题						

（续）

任务完成结果（故障分析、存在问题等）	注意事项
1. 实际电路图 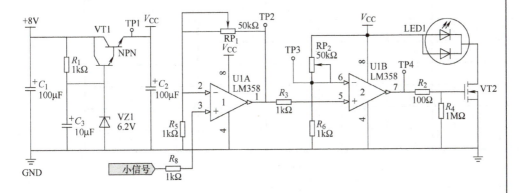 2. 元器件清单	

序号	元器件名称	元器件型号规格	数量	备注
1				
2				
3				
4				
5				
6				
7				
8				
9				
10				
11				
12				
13				

3. Multisim 软件仿真
1）调整输入电源电压为 DC 8V
2）仿真电路并测试 TP2 点、TP4 点波形；使用示波器记录波形

（续）

任务完成结果（故障分析、存在问题等）	注意事项

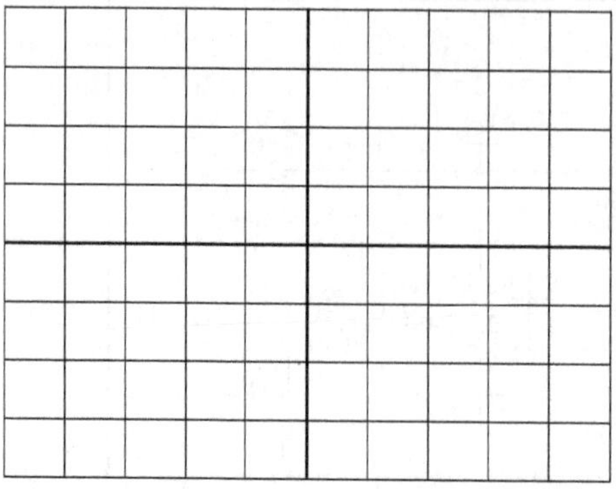

旋钮开关位置：
V/div_____ t/div_____

旋钮开关位置：
V/div_____ t/div_____

读数记录：
电压有效值_____ 周期_____

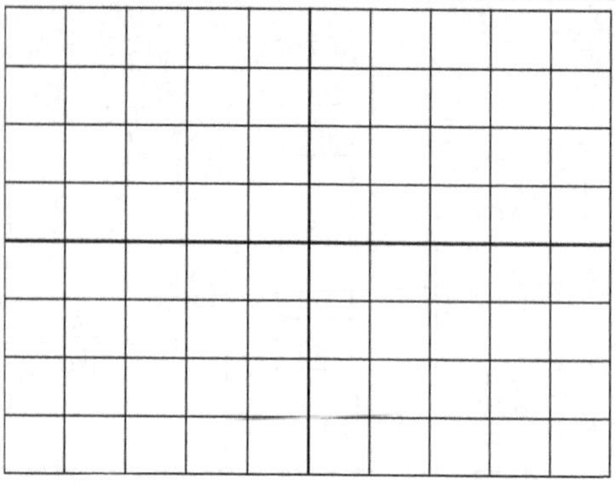

读数记录：
电压值_____ 周期_____

4. 电路工作原理分析

5. 元器件布局图
1）先绘制元器件位置及焊盘格数，必备铅笔、尺子、橡皮等工具，注意元器件引脚所在的焊点要重点涂黑
2）电路中元器件的位置尽量按照原理图位置布置
3）元器件排布要大小合适，电路布局合理，紧凑
4）连接导线，用粗线连接，连接导线不能交叉
5）写上元器件流水标号，并检查所有图纸，以便查看是否有漏画或画错

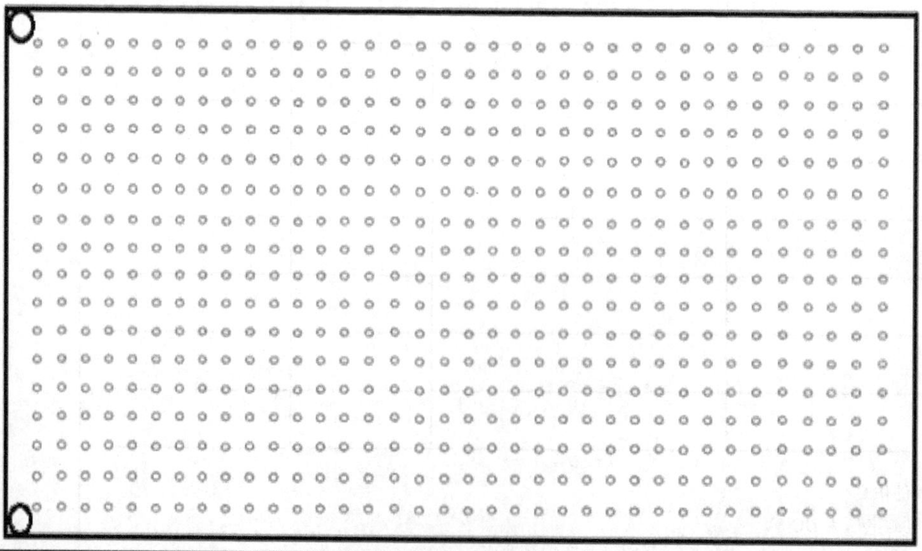

评阅教师： 评阅日期：

(续)

考核细则

根据职业资格标准、学习过程、实际操作情况、学习态度等多方面进行考核，可分为自我评价、组内互评、教师评价。得分说明：自我评价占总分的30%，组内互评占总分的30%，教师评价占总分的40%

序号	考核内容	分值	自我评价	组内互评	教师评价	小计
	基本素养（20分）					
1	签到情况、遵守纪律情况（无迟到、早退、旷课）、团队合作	5				
2	安全文明操作规程： 1）穿戴好防护用品，工具、仪表齐全 2）遵守操作规程 3）不损坏器材、仪表和其他物品	10				
3	按照要求认真打扫卫生（检查不合格记0分）	5				
	理论知识（20分）					
序号	考核内容	分值	自我评价	组内互评	教师评价	小计
1	元器件清点、识别、检测	6				
2	Multisim仿真以及数据记录	6				
3	绘制元器件布局接线图	8				
	技能操作（60分）					
序号	考核内容	分值	自我评价	组内互评	教师评价	小计
1	安装工艺（参照安装工艺要求）	20				
2	正确安装调试（实现电路功能）： 1）按图装接正确 2）电路功能完整 3）正确通电、调试	30				
3	正确使用仪表（使用仪表，正确测量数据，并记录）	10				
	总分	100				

课后习题

1）改变小信号调光电路中的哪些元器件参数可以改变振荡周期？

2）小信号调光简述电路的工作原理。

3）当交换电压比较器的同相和反相输入端电路后，电路会发生哪些变化？并使用Multisim软件仿真。

任务7.5　六进制计数器电路的组装与调试

知识目标

1）认识六进制计数器电路中所使用的74LS161、74LS74、CD4511、数码管等元器件以及文字、图形符号；

2）能说出六进制计数器电路中的各个芯片的功能，会看其功能表，知道其型号、作用；
3）了解六进制计数器电路的组成，会分析电路工作原理；
4）学会安装六进制计数器电路，能调试电路的功能。

能力目标

1）能说出六进制计数器电路的元器件符号以及元器件作用，知道其功能以及使用方法；
2）会识别74LS161、74LS74、CD4511芯片和引脚；
3）会使用Multisim软件绘制并仿真六进制计数器电路功能；
4）具备完成六进制计数器电路安装与调试的能力；
5）培养学生线上使用职教云、抖音、微信等在线课程平台的能力。

素养目标

1）在任务实施过程中注重培养学生操作规范、责任心强、团队协作的工作习惯；
2）引导学生课下通过多种渠道完成相关知识的自主学习，培养学生自主探究的学习能力。

实施流程

实施流程的具体内容见表7-12。

表7-12 实施流程的具体内容

序号	工作内容	教师活动	学生活动	学时
1	布置任务	1）通过职教云、在线课程平台公告、微信下发预习通知 2）通过在线论坛收集、分析学生疑问 3）通过职教云设置考勤	1）接受任务，明确六进制计数器电路的内容 2）在线学习资料，参考教材和课件完成课前预习 3）反馈疑问 4）完成职教云签到	8学时
2	知识准备	1）讲解六进制计数器电路的组成 2）分析六进制计数器电路的功能 3）元器件布局以及安装工艺要求 4）明确任务要求，以及顺序流程	1）认识六进制计数器电路的元器件符号 2）熟悉六进制计数器电路组成 3）学习六进制计数器电路的分析 4）学习元器件布局以及工艺要求	
3	任务实施	1）教师下发任务单 2）督导学生完成	1）按照任务要求与教师演示过程，学生分组完成任务单 2）按照任务要求完成电路的仿真、安装、测量、调试 3）师生互动，讨论任务实施过程中出现的问题 4）完成任务书	
4	任务考评	1）按具体评分细则对学生进行评价 2）采用过程性考核方式，通过学生学习全过程的表现，教师给出综合评定分数	按具体评分细则进行自我评价、组内互评	

任务描述

生活中计数器使用十分广泛，常见的计数器芯片有二进制、八进制、十进制、十六进制等，本任务就是在现有 4 位同步二进制加法计数器 74LS161 的基础上，实现一个六进制的计数器电路。通过本任务的学习，掌握改变进制的方法，实现不同进制的电路设计。

知识准备

7.5.1 识读六进制计数器电路

1. 认识六进制计数器电路的组成

如图 7-23 所示，六进制计数器电路中由六进制计数电路、数码管译码显示电路、六进制进位以及存储电路等部分组成。

六进制计数器电路

（1）六进制计数电路　六进制计数器是让电路实现六进制的计数方式，即包括 0～5 这 6 个数字，到 6 进位，本任务中可以实现一位六进制计数器以及进位。由 4 位同步二进制加法计数器 DM74LS161 芯片以及与非门芯片 DM74LS00 配合实现，DM74LS161 在计数到 6 时，由 DM74LS00 反馈电平促使 DM74LS161 数字清零；

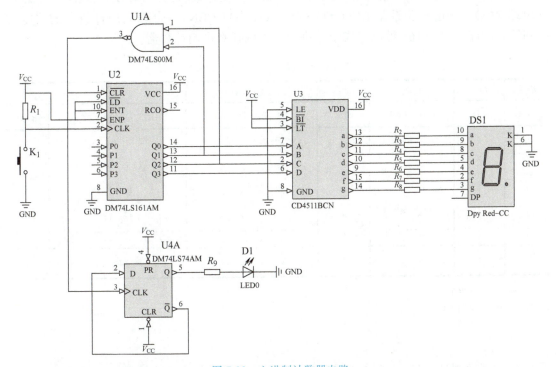

图 7-23　六进制计数器电路

（2）数码管译码显示电路　计数器的状态使用一位共阴数码管显示，使用共阴数码管驱动芯片 CD4511 作为数码管的译码和驱动芯片。

（3）六进制进位以及存储电路 六进制计数器在计数达到 6 时需要清零并进位，任务中使用一位 D 触发器作为计数进位的存储电路，并使用一个发光二极管指示进位状态。

2. 认识 DM74LS161

74LS161 是一种常用的 4 位同步二进制加法计数器，除了同步计数功能外，芯片还具有同步预置功能。预置和计数功能的选择是通过在每个 D 触发器的输入端的 2 选 1 数据选择器实现的。四个 D 触发器可以实现 0000～1111 一共 16 个状态，所以 74LS161 是十六进制计数器。如图 7-24 所示，74LS161 芯片一共有 16 个引脚，其中 P0～P3 为并行数据输入端，Q0～Q3 为并行数据输出端，$\overline{CLR}$ 异步清零端为低电平时，无论其他输入端是何种状态，都使芯片内的所有触发器状态置 0，所以称为异步清零。CLK 时钟脉冲端是技术脉冲输入端，也是芯片内四个触发器的公共时钟输入端。$\overline{LD}$ 并行预置使能端需要在 CLK 上升沿之前保持低电平，数据输入端 P3～P0 的逻辑值便能在 CLK 上升沿到来后置入芯片内的四个触发器中。

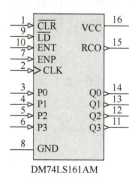

图 7-24 计数芯片 74LS161

（1）74LS161 功能表 表 7-13 中，74LS161 芯片只有当清零端 $\overline{CLR}$ = $\overline{LD}$ = ENP=ENT=1 时，CP 脉冲上升沿作用后，才能工作在计数状态。74LS161 还有一个进位输出端 RCO，其逻辑关系是 RCO=Q0·Q1·Q2·Q3·ENT。合理应用计数器的清零功能和置数功能，74LS161 可以组成十六进制以下的任意进制计数器。

表 7-13 计数器 74LS161 功能表

清零	预置	使能	时钟	预置数据	输出	
$\overline{CLR}$	$\overline{LD}$	ENP、ENT	CLK	P3 P2 P1 P0	Q3 Q2 Q1 Q0	RCO
0	×	× ×	×	× × × ×	0 0 0 0	0
1	0	× ×	↑	D C B A	D C B A	0
1	1	0 ×	×	× × × ×	保 持	0
1	1	× 0	×	× × × ×	保 持	0
1	1	1 1	↑	× × × ×	计 数	0
1	1	1 1	↑	× × × ×	状态码加 1	1

注：1——高电平；
　　0——低电平；
　　×——任意；
　　↑——上升沿。

（2）六进制计数器 74LS161 具有异步清零功能，在其计数过程中，无论它的输出处于哪一状态，只要在异步清零输入端加一个低电平电压，就能使 $\overline{CLR}$ =0，74LS161 的输出立即回到 0000 状态。清零信号（$\overline{CLR}$ =0）消失后，74LS161 又从 0000 状态开始重新计数。六进制计数器的设计就是在此基础上，采用与非门 74LS00 芯片的信号作为反馈清零信号，当 Q3～Q0 分别为 0110 时，与非门 74LS00 输出一个低电平用来给 74LS161 芯片清零，Q3～Q0 为 0110 的状态只是一个暂稳态。六进制状态切换过程如图 7-25 所示。

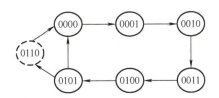

图 7-25　六进制状态切换过程

3. 认识显示电路

（1）数码管　七段数码显示器 a、b、c、d、e、f、g 七段笔画再加一个圆形的点状二极管，就可以显示带小数点的数码，也称八段数码管，如图 7-26 所示。

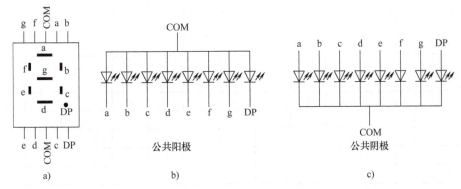

图 7-26　八段数码管引脚与构造

数码管的优点是工作电压较低（1.5～3V）、体积小、寿命长、工作可靠性高、响应速度快、亮度高、字形清晰，主要缺点是工作电流大，每个字段的工作电流约为 10mA 左右。

（2）译码驱动电路　由图 7-26 可见，数码管通过 a～g 七个发光二极管的不同组合来表示 0～9 十个数字。这就要求译码器把十组 8421BCD 码翻译成用于显示的七段二进制代码信号。CD4511 是一块用于驱动共阴极数码管显示的七段码译码器，如图 7-27 所示，与数码管驱动端相连，就能实现对 LED 显示器的直接驱动。它的引脚排列如下，功能见表 7-14。

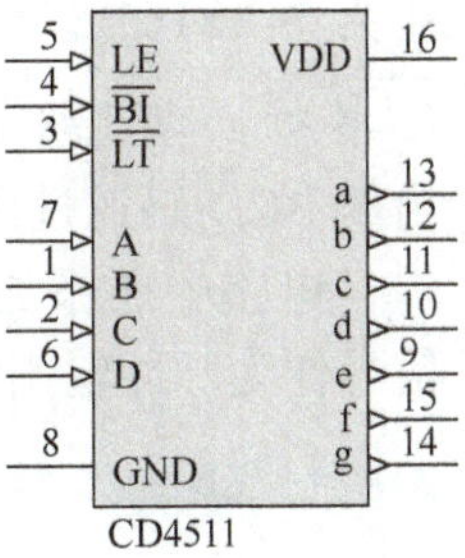

图 7-27　CD4511

① A～D 为 4 线输入（8421BCD 码），a～g 为七段输出，输出高电平有效；

② 功能端 $\overline{BI}$ 是消隐输入控制端，当 $\overline{BI}$ =0 时，无论其他输入端状态如何，七段数码管均处于熄灭（消隐）状态，不显示数字；

③ $\overline{LT}$ 端是测试输入端，当 $\overline{BI}$ =1，$\overline{LT}$ =0 时，无论输入如何译码输出全为 1；

④ LE 为锁定控制端，当 LE=0 时，允许译码输出。

表 7-14 CD4511 功能表

输入							输出							显示
LE	$\overline{BI}$	$\overline{LT}$	D	C	B	A	a	b	c	d	e	f	g	
×	1	0	×	×	×	×	1	1	1	1	1	1	1	8
×	0	1	×	×	×	×	0	0	0	0	0	0	0	消隐
0	1	1	0	0	0	0	1	1	1	1	1	1	0	0
0	1	1	0	0	0	1	0	1	1	0	0	0	0	1
0	1	1	0	0	1	0	1	1	0	1	1	0	1	2
0	1	1	0	0	1	1	1	1	1	1	0	0	1	3
0	1	1	0	1	0	0	0	1	1	0	0	1	1	4
0	1	1	0	1	0	1	1	0	1	1	0	1	1	5
0	1	1	0	1	1	0	0	0	1	1	1	1	1	6
0	1	1	0	1	1	1	1	1	1	0	0	0	0	7
0	1	1	1	0	0	0	1	1	1	1	1	1	1	8
0	1	1	1	0	0	1	1	1	1	0	0	1	1	9
0	1	1	1	0	1	0	0	0	0	0	0	0	0	消隐
0	1	1	1	0	1	1	0	0	0	0	0	0	0	消隐
0	1	1	1	1	0	0	0	0	0	0	0	0	0	消隐
0	1	1	1	1	0	1	0	0	0	0	0	0	0	消隐
0	1	1	1	1	1	0	0	0	0	0	0	0	0	消隐
0	1	1	1	1	1	1	0	0	0	0	0	0	0	消隐
1	1	1	×	×	×	×	锁存							锁存

7.5.2 分析六进制计数器电路

电路上电以后，74LS161 芯片复位初始状态，此时芯片处于计数模式，操作按键可作为 74LS161 芯片的计数脉冲信号。由于芯片 74LS161 的输出状态通过与非门反馈给 $\overline{CLR}$ 端，使计数器处于六位计数状态，见图 7-25。计数器 74LS161 的 Q3～Q0 并行输出的 BCD 码通过译码芯片 CD4511，将计数状态显示在数码管上。

电路中还添加了一位进位信号，每当 74LS161 芯片计数达到 6 以后，与非门反馈的信号作为脉冲输出到一个 D 触发器，用来存储作为进位信号。

7.5.3 明确任务要求

1. Multisim 软件仿真以及功能验证

1）按照给定的原理图，完成电路的绘制；
2）调整输入电源电压为 DC 5V，验证电路功能。

2. 绘制元器件布置布线图

1）先绘制元器件位置及焊盘格数，必备铅笔、尺子、橡皮等工具，注意元器件引脚所在的焊点要重点涂黑；

2）电路中元器件的位置尽量按照原理图位置布置；

3）元器件排布要大小合适，电路布局合理、紧凑；

4）连接导线用粗线连接，连接导线不能交叉；

5）写上元器件流水标号，并检查所有图纸，以便查看是否有漏画或画错。

3. 领取元器件

根据电路原理图识别并整理元器件清单，按照元器件清单领取元器件。

4. 电路安装工艺要求

1）按照绘制的元器件布置布线图安装和连接；

2）完成安装后，电路板板面整洁，元器件布局合理；

3）焊点要圆润、饱满、光滑、无毛刺；

4）焊点必须焊接牢靠，无虚焊、漏焊，并具有一定的机械强度；

5）焊点的锡液必须充分浸润，导通电阻要小；

6）元器件成形规范，安装正、直；

7）同类元器件的高度要一致，相同电阻值的电阻器排列方向一致，色环方向要统一；

8）连接线要横平竖直，引脚导线裸露不能过长。

任务实施

7.5.4 任务准备

1. 准备

工具、仪表、器材及辅助工具见表 7-15。

表 7-15 工具、仪表、器材及辅助工具一览表

分类	名称	型号与规格	单位	数量
工具	电工工具	电烙铁、镊子、吸锡器、验电笔、螺钉旋具（一字和十字）、电工刀、尖嘴钳等	套	1
仪表	万用表	MF47 型或自定	块	1
	示波器	XC4320 型	台	1
电子元器件	万能板	15cm×9cm	块	1
	74LS161 芯片		个	1
	74LS00 芯片		个	1
	74LS74 芯片		个	1
	DIP16 插座		个	1
	DIP14 插座		个	2
	数码管	共阴极	个	1
	电阻	10kΩ	个	1
	电阻	470Ω	个	8
	按键		个	1
	LED	红色	个	1

（续）

分类	名称	型号与规格	单位	数量
辅助工具	焊锡丝	0.8mm		若干
	松香			若干
	连接导线			若干

2. Multisim 软件仿真

1）按照给定的原理图，完成电路的绘制；
2）调整输入电源电压为 DC 5V，验证电路功能。

7.5.5 线路安装与调试

1. 焊接步骤

1）根据元器件明细表配齐元器件并检测；
2）清除元器件引脚处的氧化层；
3）考虑元器件在电路板上的整体布局；
4）根据布线图将元器件从左到右焊接在电路板上；
5）检查焊接正确与否，是否有虚焊、漏焊。

2. 注意事项

1）发光二极管、电解电容、数码管、74LS161、74lS74、CD4511 等元器件需要区分极性，并注意引脚的次序；
2）芯片的位置需要确认焊接底座，芯片安装在底座上；
3）按照布线图不能出现虚焊漏焊现象；
4）连接线要求横平竖直，电路板上的走线要求贴板；
5）引入 / 引出线或连接导线的线头处长度不能超过 1mm；
6）测量电压时，需选择适宜的量程且注意交流电压与直流电压的区别，测直流电压时正负极不能接错。

3. 安装过程的安全要求

1）正确使用电烙铁、螺钉旋具、尖嘴钳等工具，防止在操作过程中发生安全事故；
2）正确连接电源，以免出现短路或烧坏等问题；
3）使用仪表带电测量时，一定要按照仪表使用的安全规程进行。

4. 通电调试要求

1）上电之前检查元器件的走线是否正确；
2）检查有极性的元器件是否安装正确；
3）工作台上的交流电输出为 DC 5V，接入电路中，并调试电路现象；
4）在教师监护下，学生对自己安装好的电路板进行通电测试，确认功能是否达到；
5）根据任务单要求测量并记录规定点的电压数据和波形。

项目 7　典型电子电路的组装与调试

任务考评

任务单

姓名		班级		成绩		工位	
任务要求	\multicolumn{7}{l}{1）根据给出的六进制计数器电路，整理元器件清单 2）根据元器件清单领取电子元器件，并进行元器件清点、识别、检测 3）使用 Multisim 软件仿真六进制计数器电路功能 4）安装六进制计数器电路，能调试电路的功能 5）遇到问题时小组进行讨论，可让教师参与讨论，通过团队合作解决问题}

任务完成结果（故障分析、存在问题等）	注意事项
1. 实际电路图 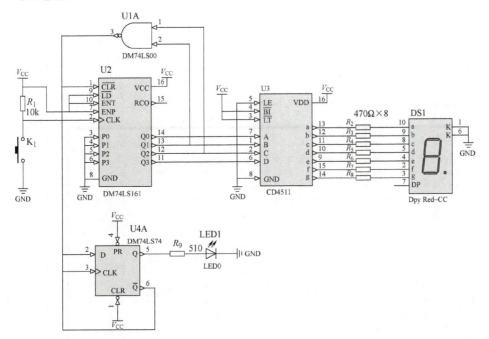	

2. 元器件清单

序号	元器件名称	元器件型号规格	数量	备注
1				
2				
3				
4				
5				
6				
7				
8				
9				
10				
11				

（续）

任务完成结果（故障分析、存在问题等）	注意事项
3. Multisim 软件仿真 1）按照给定原理图完成电路绘制 2）调整输入电源电压为 DC 5V，验证电路功能 4. 电路工作原理分析 5. 元器件布局图 1）先绘制元器件位置及焊盘格数，必备铅笔、尺子、橡皮等工具，注意元器件引脚所在的焊点要重点涂黑 2）电路中元器件的位置尽量按照原理图位置布置 3）元器件排布要大小合适，电路布局合理，紧凑 4）连接导线，用粗线连接，连接导线不能交叉 5）写上元器件流水标号，并检查所有图纸，以便查看是否有漏画或画错 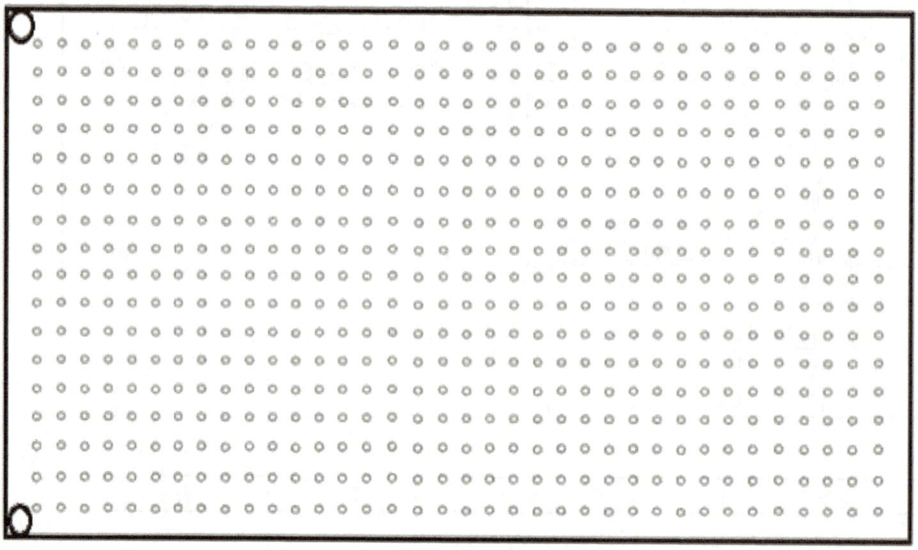 （万能板网格图）	

评阅教师：		评阅日期：			

考核细则

根据职业资格标准、学习过程、实际操作情况、学习态度等多方面进行考核，可分为自我评价、组内互评、教师评价。
得分说明：自我评价占总分的 30%，组内互评占总分的 30%，教师评价占总分的 40%

	基本素养（20分）					
序号	考核内容	分值	自我评价	组内互评	教师评价	小计
1	签到情况、遵守纪律情况（无迟到、早退、旷课）、团队合作	5				

(续)

序号	考核内容	分值	自我评价	组内互评	教师评价	小计
2	安全文明操作规程： 1）穿戴好防护用品，工具、仪表齐全 2）遵守操作规程 3）不损坏器材、仪表和其他物品	10				
3	按照要求认真打扫卫生（检查不合格记0分）	5				

理论知识（20分）

序号	考核内容	分值	自我评价	组内互评	教师评价	小计
1	元器件清点、识别、检测	6				
2	Multisim仿真以及功能验证	6				
3	绘制元器件布局接线图	8				

技能操作（60分）

序号	考核内容	分值	自我评价	组内互评	教师评价	小计
1	安装工艺（参照安装工艺要求）	20				
2	正确安装调试（实现电路功能）： 1）按图装接正确 2）电路功能完整 3）正确通电、调试	30				
3	正确使用仪表（使用仪表，正确测量数据，并记录）	10				
	总分			100		

课后习题

1）简述六进制计数器电路的工作原理。
2）使用计数芯片74LS161设计一个八进制计数器，并使用Multisim软件仿真其工作原理。

任务7.6　NE555触摸门铃电路的组装与调试

知识目标

1）认识NE555触摸门铃电路中的元器件以及文字、图形符号；
2）能说出NE555触摸门铃电路中的元器件名称、型号、作用；
3）了解NE555触摸门铃电路的组成，认识NE555构成的单稳态电路和多谐振荡电路；
4）在认识单稳态和多谐振荡电路，并了解其功能的基础上，简述电路工作原理；
5）学会安装NE555触摸门铃电路，能调试电路的功能。

能力目标

1）能说出 NE555 触摸门铃电路的元器件符号以及元器件作用；
2）会识别 NE555 触摸门铃电路中所使用的元器件，会区分 NE555 的各引脚；
3）会使用 Multisim 软件绘制并仿真 NE555 触摸门铃电路功能；
4）具备完成 NE555 触摸门铃电路安装、测量以及调试的能力；
5）培养学生线上使用职教云等在线课程平台的能力。

素养目标

1）联系生活实际，体会电子线路的用途，培养学生学习电路的兴趣；
2）在任务实施过程中注重学生主动探究的学习能力，养成自主思考、勤于记录的工作习惯。

实施流程

实施流程的具体内容见表 7-16。

表 7-16　实施流程的具体内容

序号	工作内容	教师活动	学生活动	学时
1	布置任务	1）通过职教云、在线课程平台公告等下发预习通知 2）通过在线论坛收集、分析学生疑问 3）通过职教云设置考勤	1）接受任务，明确 NE555 触摸门铃电路的内容 2）在线学习资料，参考教材和课件完成课前预习 3）反馈疑问 4）完成职教云签到	8学时
2	知识准备	1）讲解 NE555 触摸门铃电路的组成 2）分析 NE555 触摸门铃电路的功能 3）元器件布局以及安装工艺要求 4）明确任务要求，以及顺序流程	1）认识 NE555 触摸门铃电路的元器件符号 2）熟悉 NE555 触摸门铃电路组成 3）学习 NE555 触摸门铃电路的分析 4）学习元器件布局以及工艺要求	
3	任务实施	1）教师下发任务单 2）督导学生完成	1）按照任务要求与教师演示过程，学生分组完成任务单 2）按照任务要求完成电路的仿真、安装、测量、调试 3）师生互动，讨论任务实施过程中出现的问题 4）完成任务书	
4	任务考评	1）按具体评分细则对学生进行评价 2）采用过程性考核方式，通过学生学习全过程的表现，教师给出综合评定分数	按具体评分细则进行自我评价、组内互评	

任务描述

在城市生活中,每家每户都是一个独立的空间,当有客人来访或者收到外卖、快递等时都需要使用门铃,NE555 触摸门铃电路可以满足此功能要求。本任务中在常用的芯片 NE555 的基础上使用两种 NE555 的应用电路,构成了 NE555 触摸门铃电路,下面内容介绍了 NE555 触摸门铃的实现方式。

知识准备

7.6.1 识读 NE555 触摸门铃电路

1. 认识 NE555 触摸门铃电路组成

如图 7-28 所示,NE555 触摸门铃电路中包括电源电路、NE555 单稳态电路、NE555 多谐振荡电路。

NE555 触摸门铃电路

(1)电源电路 可参考任务 7.1~任务 7.5 的相关内容。

(2)NE555 单稳态电路 电路中芯片 U1 以及周围元器件构成了单稳态电路,即电路有一个稳定状态,当有外界信号触发时,单稳态电路会暂时改变状态,一段时间后再回到稳定状态。

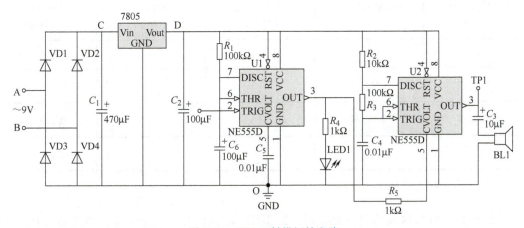

图 7-28 NE555 触摸门铃电路

(3)NE555 多谐振荡电路 电路中芯片 U2 以及周围的元器件构成了多谐振荡电路,多谐振荡电路用来驱动扬声器,作为脉冲发生电路使用。

2. 认识定时器芯片 NE555

定时器芯片 NE555 是一种数字、模拟混合型的小规模集成电路,由于内部比较器的参考电压由三个电阻值为 $5k\Omega$ 的电阻器构成的分压器提供,故取名 555 定时器芯片,它共有八个引脚,如图 7-29 所示。

NE555 芯片内部结构如图 7-30 所示,由比较器、分压电路、RS 触发器及放电晶体管等组成,分压电路由三个 $5k\Omega$ 的电

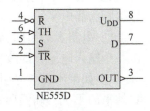

图 7-29 定时器芯片 NE555

阻器构成，分别给 A_1 和 A_2 运放提供参考电平。A_1 和 A_2 的输出端控制 RS 触发器状态和放电管开关状态。NE555 功能见表 7-17。

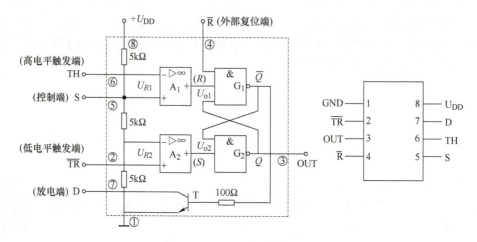

图 7-30　NE555 芯片内部结构

表 7-17　NE555 功能表

输入			输出	
阈值输入端 TH（6 号引脚）	触发输入端 $\overline{TR}$（2 号引脚）	复位端 $\overline{R}$（4 号引脚）	输出端 OUT（3 号引脚）	放电端 D（7 号引脚）
×	×	0	0	放电管导通
$<2U_{DD}/3$	$<U_{DD}/3$	1	1	放电管截止
$>2U_{DD}/3$	$>2U_{DD}/3$	1	0	放电管导通
$<2U_{DD}/3$	$>U_{DD}/3$	1	不变	放电管不变

注：×——非通信号。

① 当 6 号引脚输入信号 $>2U_{DD}/3$，2 号引脚输入信号 $>U_{DD}/3$ 时，触发器复位，3 号引脚输出为低电平，放电管 T（晶体管）导通；

② 当 2 号引脚输入信号 $<U_{DD}/3$，6 号引脚输入信号 $<2U_{DD}/3$ 时，触发器置位，3 号引脚输出高电平，放电管截止；

③ 电路 4 号引脚是复位端，当 4 号引脚接入低电平时，则输出为 0；正常工作时 4 号引脚为高电平；

④ 电路 5 号引脚为控制端，平时输入 $2U_{DD}/3$ 作为比较器的参考电平，当 5 号引脚外接一个输入电压，即改变了比较器的参考电平，从而实现对输出的另一种控制；

⑤ 如果不在 5 号引脚外加电压，通常会接 0.01μF 电容器到地，起到滤波作用，以消除外来的干扰，确保参考电平的稳定。

3. 认识 NE555 应用电路

（1）单稳态电路（图 7-31）

① 接通电源后，$\overline{TR}$ 端未加触发脉冲，是高电平，$u_i > U_{DD}/3$，电源通过电阻器 R 向电容器 C 充电至 $2U_{DD}/3$ 时，RS 触发器置 0，此时输出 $u_O=0$，放电晶体管导通，电容器 C 通过 7 号引脚向地放电，此时电路处于稳态；

② 当 2 号引脚输入 $u_i < U_{DD}/3$ 时，RS 触发器置 1，输出 $u_O=1V$，使放电晶体管截止。此时电容 C 又开始充电，6 号引脚电压按指数规律上升；

③ 当电容 C 充电到 $2U_{DD}/3$ 时（即 6 号引脚电压），RS 触发器置翻转，使输出 $u_O=0$。此时晶体管又重新导通，C 很快放电，暂稳态结束，恢复稳态，为下一个触发脉冲的到来做好准备；

④ 输出电压 u_O 脉冲的持续时间 $t_w=1.1RC$，一般取 $R=1k\Omega \sim 10M\Omega$，$C>1000pF$；

⑤ 当一个触发脉冲使单稳态触发器进入暂稳态以后，t_w 时间内的其他触发脉冲对触发器就不起作用；只有当触发器处于稳态时，输入的触发脉冲才起作用。

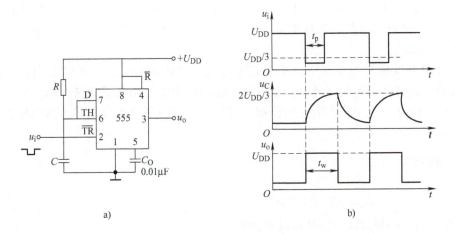

图 7-31 NE555 单稳态电路以及波形

（2）多谐振荡电路　如图 7-32a 所示，电路由芯片 NE555 和外接元件 R_1、R_2、C 构成多谐振荡器，引脚 2 和引脚 6 直接相连。电路无稳态，仅存在两个暂稳态，也不需外加触发信号，即可产生振荡。

① 电源接通后，U_{DD} 通过电阻器 R_1、R_2 向电容 C 充电。当电容上电压等于 $2U_{DD}/3$ 时，阈值输入端引脚 6 受到触发，RS 触发器翻转，输出电压 $u_O=0$，同时晶体管 T 导通，电容器 C 通过 R_2 放电；

② 放电过程中，当电容上电压等于 $U_{DD}/3$ 时，RS 触发器翻转，输出电压 u_O 变为高电平。C 放电终止、又重新开始充电，周而复始，形成振荡；

③ 电容 C 在电压值 $U_{DD}/3 \sim 2U_{DD}/3$ 之间充电和放电，形成脉冲波形；

④ 振荡周期 $T=t_1+t_2 \approx 0.7(R_1+2R_2)C$（7-5），（其中充电时间 $t_1 \approx 0.7(R_1+R_2)C$，放电时间 $t_2 \approx 0.7R_2C$）。

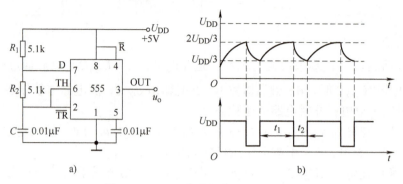

图 7-32 NE555 多谐振荡电路以及波形

7.6.2 分析 NE555 触摸门铃电路

电路上电以后，单稳态电路在没有外界触发信号的情况下，会进入稳定状态，稳定状态下单稳态电路输出低电平。同时单稳态的输出端连接多谐振荡电路的 5 引脚，NE555 芯片的 5 引脚正常工作电平为 $2/3U_{DD}$，作为比较器的参考电平。由于 5 引脚比较电平变成 0V，所以多谐振荡电路在工作中也一直停留在一个状态，输出一直为低电平，此时扬声器没有声音输出。

在有外界触发信号的情况下，单稳态电路会短暂进入暂稳态，单稳态电路输出电平变成高电平，此时多谐振荡器可以正常工作，输出矩形波，用来驱动扬声器发出声音。单稳态电路在暂稳态时间内，多谐振荡器都可以工作，扬声器持续发声一直到单稳态回到稳定状态。

7.6.3 明确任务要求

1. Multisim 软件仿真以及功能验证

1）按照给定的原理图，完成电路的绘制；
2）调整输入电源电压为 AC 9V，验证电路功能。

2. 绘制元器件布置布线图

1）先绘制元器件位置及焊盘格数，必备铅笔、尺子、橡皮等工具，注意元器件引脚所在的焊点要重点涂黑；
2）电路中元器件的位置尽量按照原理图位置布置；
3）元器件排布要大小合适，电路布局合理、紧凑；
4）连接导线用粗线连接，连接导线不能交叉；
5）写上元器件流水标号，并检查所有图纸，以便查看是否有漏画或画错。

3. 领取元器件

根据电路原理图识别并整理元器件清单，按照元器件清单领取元器件。

4. 电路安装工艺要求

1）按照绘制的元器件布置布线图安装和连接；
2）完成安装后，电路板板面整洁，元器件布局合理；

3）焊点要圆润、饱满、光滑、无毛刺；

4）焊点必须焊接牢靠，无虚焊、漏焊，并具有一定的机械强度；

5）焊点的锡液必须充分浸润，导通电阻要小；

6）元器件成形规范，安装正、直；

7）同类元器件的高度要一致，相同阻值的电阻排列方向一致，色环方向要统一；

8）连接线要横平竖直，引脚导线裸露不能过长。

任务实施

7.6.4 任务准备

1. 准备

工具、仪表、器材及辅助工具见表 7-18。

表 7-18 工具、仪表、器材及辅助工具一览表

分类	名称	型号与规格	单位	数量
工具	电工工具	电烙铁、镊子、吸锡器、验电笔、螺钉旋具（一字和十字）、电工刀、尖嘴钳等	套	1
仪表	万用表	MF47 型或自定	块	1
	示波器	XC4320 型	台	1
电子元器件	万能板	15cm×9cm	块	1
	NE555	NE555	个	2
	集成稳压模块	7805	个	1
	整流二极管	1N4007	个	4
	电解电容	470μF	个	1
	电解电容	100μF	个	2
	电解电容	10μF	个	1
	电容	0.01μF	个	1
	扬声器	4Ω	个	1
	发光二极管	红色 LED	个	1
	电阻	100kΩ	个	2
	电阻	10kΩ	个	1
	电阻	1kΩ	个	2
辅助工具	焊锡丝	0.8mm		若干
	松香			若干
	连接导线			若干

2. Multisim 软件仿真

1）按照给定的原理图，完成电路的绘制；

2）调整输入电源电压为 AC 9V，验证电路功能。

① 输入 9V 交流电压波形　　　　② TP1 点电压波形

旋钮开关位置：　　　　　　　　旋钮开关位置：

V/div_____　t/div_____　　　V/div_____　t/div_____

读数记录：　　　　　　　　　　读数记录：

电压有效值_____　周期_____　电压值_____　周期_____

7.6.5 线路安装与调试

1. 焊接步骤

1）根据元器件明细表配齐元器件并检测；
2）清除元器件引脚处的氧化层；
3）考虑元器件在电路板上的整体布局；
4）根据布线图将元器件从左到右焊接在电路板上；
5）检查焊接正确与否，是否有虚焊、漏焊。

NE555 触摸门铃电路调试

2. 注意事项

1）整流二极管、电解电容器、7805、NE555 等元器件需要区分极性，并注意引脚的次序；
2）芯片的位置需要确认焊接底座，芯片安装在底座上；
3）按照布线图不能出现虚焊、漏焊现象；
4）连接线要求横平竖直，电路板上的连接线要求贴板；
5）引入/引出线或连接导线的线头处长度不能超过 1mm；
6）测量电压时，需选择适宜的量程且注意交流电压与直流电压的区别，测直流电压时正负极不能接错。

3. 安装过程的安全要求

1）正确使用电烙铁、螺钉旋具、尖嘴钳等工具，防止在操作过程中发生安全事故；
2）正确连接电源，以免出现短路或烧坏等问题；
3）使用仪表带电测量时，一定要按照仪表使用的安全规程进行。

4. 通电调试要求

1）上电之前检查元器件的走线是否正确；
2）检查有极性的元器件是否安装正确；

3）工作台上的交流电输出为 AC 9V，接入电路中，并调试电路现象；
4）在教师监护下，学生对自己安装好的电路板进行通电测试，确认功能是否实现；
5）根据任务单要求测量并记录规定点的电压数据和波形。

任务考评

任务单

姓名		班级		成绩		工位	
任务要求	\multicolumn{7}{l	}{1）根据给出的 NE555 触摸门铃电路，整理元器件清单 2）根据元器件清单领取电子元器件，并进行元器件清点、识别、检测 3）使用 Multisim 软件仿真 NE555 触摸门铃电路功能 4）安装六进制计数器电路，能调试电路的功能 5）遇到问题时小组进行讨论，可让教师参与讨论，通过团队合作解决问题}

任务完成结果（故障分析、存在问题等）	注意事项

1. 实际电路图

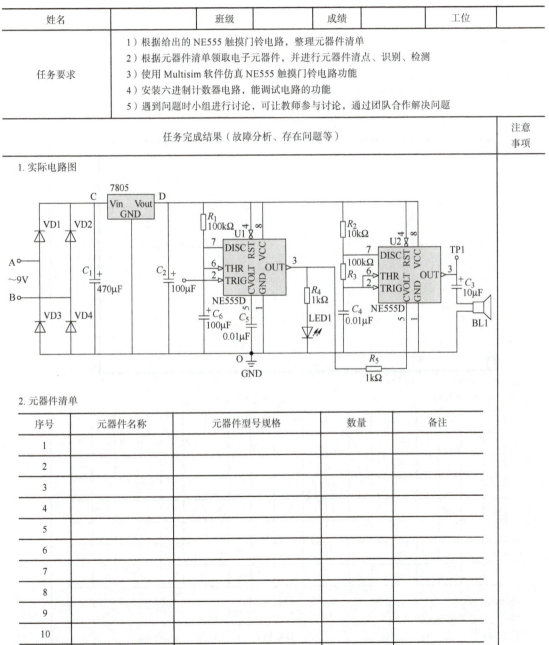

2. 元器件清单

序号	元器件名称	元器件型号规格	数量	备注
1				
2				
3				
4				
5				
6				
7				
8				
9				
10				
11				
12				

（续）

任务完成结果（故障分析、存在问题等）	注意事项
3. Multisim 软件仿真 1）按照给定原理图完成电路绘制 2）调整输入电源电压为 AC 9V，验证电路功能 4. 电路工作原理分析 5. 元器件布局图 1）先绘制元器件位置及焊盘格数，必备铅笔、尺子、橡皮等工具，注意元器件引脚所在的焊点要重点涂黑 2）电路中元器件的位置尽量按照原理图位置布置 3）元器件排布要大小合适，电路布局合理，紧凑 4）连接导线，用粗线连接，连接导线不能交叉 5）写上元器件流水标号，并检查所有图纸，以便查看是否有漏画或画错 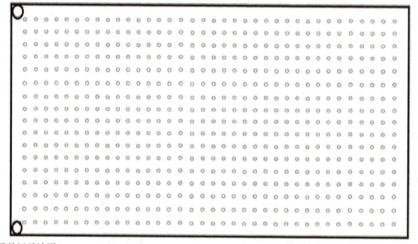 6. 测量并记录波形 ①输入 9V 交流电压波形 ②U2 的 2 号引脚电压波形 旋钮开关位置： 旋钮开关位置： V/div_____ t/div_____ V/div_____ t/div_____ 读数记录： 读数记录： 电压有效值_____ 周期_____ 电压值_____ 周期_____	
评阅教师：	评阅日期：

(续)

考核细则
根据职业资格标准、学习过程、实际操作情况、学习态度等多方面进行考核,可分为自我评价、组内互评、教师评价。得分说明:自我评价占总分的30%,组内互评占总分的30%,教师评价占总分的40%

基本素养(20分)

序号	考核内容	分值	自我评价	组内互评	教师评价	小计
1	签到情况、遵守纪律情况(无迟到、早退、旷课)、团队合作	5				
2	安全文明操作规程: 1)穿戴好防护用品,工具、仪表齐全 2)遵守操作规程 3)不损坏器材、仪表和其他物品	10				
3	按照要求认真打扫卫生(检查不合格记0分)	5				

理论知识(20分)

序号	考核内容	分值	自我评价	组内互评	教师评价	小计
1	元器件清点、识别、检测	6				
2	Multisim仿真以及功能验证	6				
3	绘制元器件布局接线图	8				

技能操作(60分)

序号	考核内容	分值	自我评价	组内互评	教师评价	小计
1	安装工艺(参照安装工艺要求)	20				
2	正确安装调试(实现电路功能): 1)按图装接正确 2)电路功能完整 3)正确通电、调试	30				
3	正确使用仪表(使用仪表,正确测量数据,并记录)	10				
	总分			100		

● 课后习题 ●

1)NE555触摸门铃电路中延时时间由哪几个元器件实现,怎样修改延时时间?
2)简述NE555触摸门铃电路工作原理。
3)在多谐振荡电路的基础上,设计叮咚门铃电路,并使用Multisim软件仿真。

任务7.7 CD4069声控报警电路的组装与调试

知识目标

1)认识CD4069声控报警电路中的元器件以及文字、图形符号;
2)能说出CD4069声控报警电路中的元器件名称、型号、作用;

3）了解CD4069声控报警电路的组成，会估算振荡周期，会分析电路工作原理；

4）学会安装CD4069声控报警电路，能够使用万用表测量相关参数，能调试电路的功能。

能力目标

1）能说出CD4069声控报警电路的元器件符号以及元器件作用；

2）会识别CD4069声控报警电路中所使用的元器件以及区分引脚；

3）会使用Multisim软件绘制并仿真CD4069声控报警电路功能；

4）具备完成CD4069声控报警电路安装、测量以及调试的能力；

5）培养学生线上使用职教云等在线课程平台的能力。

素养目标

1）注重学生自主探究学习能力的培养，养成学生主动学习良好习惯；

2）在任务实施过程中通过整理工作台、打扫实验室、清洁卫生，培养学生的职业素养，践行劳动教育。

实施流程

实施流程的具体内容见表7-19。

表7-19 实施流程的具体内容

序号	工作内容	教师活动	学生活动	学时
1	布置任务	1）通过职教云、在线课程平台公告、微信下发预习通知 2）通过在线论坛收集、分析学生疑问 3）通过职教云设置考勤	1）接受任务，明确CD4069声控报警电路的内容 2）在线学习资料，参考教材和课件完成课前预习 3）反馈疑问 4）完成职教云签到	8学时
2	知识准备	1）讲解CD4069声光报警电路的组成 2）分析CD4069声光报警电路的功能 3）元器件布局以及安装工艺要求 4）明确任务要求，以及顺序流程	1）认识CD4069声控报警电路的元器件符号 2）熟悉CD4069声控报警电路组成 3）学习CD4069声控报警电路的分析 4）学习元器件布局以及工艺要求	
3	任务实施	1）教师下发任务单 2）督导学生完成	1）按照任务要求与教师演示过程，学生分组完成任务单 2）按照任务要求完成电路的仿真、安装、测量、调试 3）师生互动，讨论任务实施过程中出现的问题 4）完成任务书	
4	任务考评	1）按具体评分细则对学生进行评价 2）采用过程性考核方式，通过学生学习全过程的表现，教师给出综合评定分数	按具体评分细则进行自我评价、组内互评	

任务描述

声控报警广泛用于防火、防盗、危险报警等。本项目是一种基于 CD4069 构成的声音报警电路,采用 CD4069 构成的多谐振荡器作为声音发生器,用来作为声音信号驱动蜂鸣器发声。

知识准备

7.7.1 识读 CD4069 声控报警电路

1. 认识 CD4069 声控报警电路组成

如图 7-33 所示,CD4069 声控报警电路由六个 CD4069 反相器构成,其中每两个反相器以及周围的元器件构成一个多谐振荡器,所以在 CD4069 声控报警电路中含有三个多谐振荡器。

声控报警电路

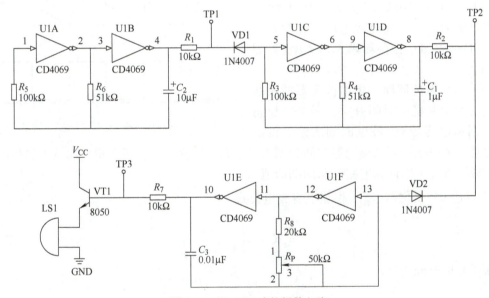

图 7-33 CD4069 声控报警电路

2. 认识 CD4069 多谐振荡电路

(1) CD4069 多谐振荡器的构成 如图 7-34 所示为由两个 CD4069 反相器构成的简易振荡电路。两个反相器串联,左边的为输入端,右边的为输出端,两个反相器中间的电压与输出电压相反,所以加在电阻 R 和电容 C 两端的电平逻辑相反,电阻 R 和电容 C 构成充/放电电路。电阻 RS 为补偿电阻,可减少电源电压波动对振荡频率的影响。

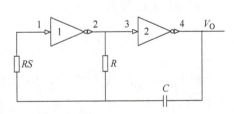

图 7-34 CD4069 多谐振荡器构成

(2) CD4069 多谐振荡器工作原理 如图 7-35 所示,设定左边反相器为 1,右边为 2,

在某一个时刻，反相器 1 的输入端 V_I 为高电平，则反相器 1 的输出端为低电平，经过反相器 2 之后输出高电平向电容充电，随着电容两端的电压升高，反相器 1 的输入端逐渐变为低电平，一旦低于 $1/2V_{CC}$ 就会使非门翻转。

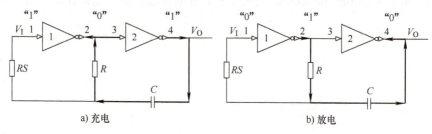

图 7-35 CD4069 多谐振荡器电容充/放电通路

此时反相器 1 与反相器 2 中间为高电平，经反相器 2 反相后向电容反向充电，达到条件之后再次翻转，因此输出端就会形成高低电平变化，周而复始形成振荡。其中电阻 R 与右边的电容 C 组成正反馈，电阻 RS 为补偿调节电阻，用于在电源电压变化时稳定频率。CD4069 多谐振荡器输入/输出波形如图 7-36 所示。

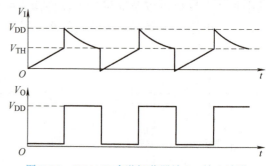

图 7-36 CD4069 多谐振荡器输入/输出波形

（3）估算振荡周期　多谐振荡器的振荡器周期与两个暂稳态时间有关，两个暂稳态时间分别由电容的充/放电时间决定。设电路中的第一暂稳态和第二暂稳态时间分别为 T_1、T_2，根据以上分析所得电路状态转换时 V_I 的几个特征值，可以计算电路振荡周期的值。

当 V_I 由 0V 变化到 V_{TH}，根据电容充电公式

$$t_{充} = RC \times \ln\left(\frac{V_{CC} - V_{初}}{V_{CC} - V_{终}}\right) \quad (7\text{-}11)$$

所需要的时间为

$$T_1 = RC \times \ln\frac{V_{DD}}{V_{DD} - V_{TH}} \quad (7\text{-}12)$$

同理放电时间为

$$T_2 = RC \times \ln\frac{V_{DD}}{V_{TH}} \quad (7\text{-}13)$$

将 $V_{TH} = V_{DD}/2$ 代入式（7-13）得出

$$T = RC \times \ln 4 \approx 1.4RC \quad (7\text{-}14)$$

7.7.2　分析 CD4069 声控报警电路

图 7-33 中 CD4069 声控报警电路中六个反相器构成三个多谐振荡器，这三个多谐振

荡器波形输出端分别是 TP1、TP2 和 TP3，根据上面公式可知，三个振荡器的振荡器周期相差很多，其中 TP1 振荡周期是 TP2 的 10 倍，TP2 振荡周期是 TP3 的几十倍。当 TP1 处于振荡周期的低电平时，U1C 的输入端电平由于 TP1 低电平的影响一直处于低电平，从而使 TP2 无输出波形，所以 TP2 的输出波形只在 TP1 振荡周期的高电平期间形成。同理，TP3 的输出波形只在 TP2 的振荡周期的高电平期间形成。

7.7.3 明确任务要求

1. Multisim 软件仿真以及功能验证

1）按照给定的原理图，完成电路的绘制；
2）调整输入电源电压为 DC 5V，验证电路功能。

2. 绘制元器件布置布线图

1）先绘制元器件位置及焊盘格数，必备铅笔、尺子、橡皮等工具，注意元器件引脚所在的焊点要重点涂黑；
2）电路中元器件的位置尽量按照原理图位置布置；
3）元器件排布要大小合适，电路布局合理、紧凑；
4）连接导线用粗线连接，连接导线不能交叉；
5）写上元器件流水标号，并检查所有图纸，以便查看是否有漏画或画错。

3. 领取元器件

根据电路原理图识别并整理元器件清单，按照元器件清单领取元器件。

4. 电路安装工艺要求

1）按照绘制的元器件布置布线图安装和连接；
2）完成安装后，电路板板面整洁，元器件布局合理；
3）焊点要圆润、饱满、光滑、无毛刺；
4）焊点必须焊接牢靠，无虚焊、漏焊，并具有一定的机械强度；
5）焊点的锡液必须充分浸润，导通电阻要小；
6）元器件成形规范，安装正、直；
7）同类元器件的高度要一致，相同阻值的电阻排列方向一致，色环方向要统一；
8）连接线要横平竖直，引脚导线裸露不能过长。

任务实施 >>>>

7.7.4 任务准备

1. 准备

工具、仪表、器材及辅助工具见表 7-20。

2. Multisim 软件仿真

1）按照给定的原理图，完成电路的绘制；
2）调整输入电源电压为 DC 5V，验证电路功能。

表 7-20　工具、仪表、器材及辅助工具一览表

分类	名称	型号与规格	单位	数量
工具	电工工具	电烙铁、镊子、吸锡器、验电笔、螺钉旋具（一字和十字）、电工刀、尖嘴钳等	套	1
仪表	万用表	MF47 型或自定	块	1
	示波器	XC4320 型	台	1
电子元器件	万能板	15cm×9cm	块	1
	CD4069	CD4069 芯片	个	1
	二极管	1N4007	个	2
	蜂鸣器	无源	个	1
	晶体管	8050	个	1
	变阻器	47kΩ	个	1
	电阻	100kΩ	个	2
	电阻	51kΩ	个	2
	电阻	20kΩ	个	1
	电阻	10kΩ	个	3
	电容	10μF	个	1
	电容	1μF	个	1
	电容	0.01μF	个	1
辅助工具	焊锡丝	0.8mm		若干
	松香			若干
	连接导线			若干

7.7.5　线路安装与调试

1. 焊接步骤

1）根据元器件明细表配齐元器件并检测；

2）清除元器件引脚处的氧化层；

3）考虑元器件在电路板上的整体布局；

4）根据布线图将元器件从左到右焊接在电路板上；

5）检查焊接正确与否，是否有虚焊、漏焊。

2. 注意事项

1）整流二极管、电解电容器、晶体管、CD4069 等元器件需要区分极性，并注意引脚的次序；

2）芯片的位置需要焊接底座，芯片安装在底座上；

3）按照布线图不能出现虚焊、漏焊现象；

4）连接线要求横平竖直，电路板上的连接线要求贴板；

5）引入/引出线或连接导线的线头处长度不能超过 1mm；

6）测量电压时，需选择适宜的量程且注意交流电压与直流电压的区别，测直流电压时正负极不能接错。

3. 安装过程的安全要求

1）正确使用电烙铁、螺钉旋具、尖嘴钳等工具，防止在操作过程中发生安全事故；
2）正确连接电源，以免出现短路或烧坏等问题；
3）使用仪表带电测量时，一定要按照仪表使用的安全规程进行。

4. 通电调试要求

1）上电之前检查元器件的走线是否正确；
2）检查有极性的元器件是否安装正确；
3）工作台上的交流电输出为 DC 5V，接入电路中，并调试电路现象；
4）在教师监护下，学生对自己安装好的电路板进行通电测试，确认功能是否实现；
5）根据任务单要求测量并记录规定点的电压数据和波形。

任务考评

任务单

姓名		班级		成绩		工位	
任务要求	1）根据给出的 CD4069 声控报警电路，整理元器件清单 2）根据元器件清单领取电子元器件，并进行元器件清点、识别、检测 3）使用 Multisim 软件仿真 CD4069 声控报警电路功能 4）安装六进制计数器电路，能调试电路的功能 5）遇到问题时小组进行讨论，可让教师参与讨论，通过团队合作解决问题						

任务完成结果（故障分析、存在问题等）	注意事项
1. 实际电路图 （电路图：包含 U1A~U1F CD4069 反相器、R_1 10kΩ、R_2 10kΩ、R_3 100kΩ、R_4 51kΩ、R_5 100kΩ、R_6 51kΩ、R_7 10kΩ、R_8 20kΩ、R_P 50kΩ、C_1 1μF、C_2 10μF、C_3 0.01μF、VD1/VD2 1N4007、VT1 8050、LS1、测试点 TP1/TP2/TP3）	

（续）

任务完成结果（故障分析、存在问题等）					注意事项

2. 元器件清单

序号	元器件名称	元器件型号规格	数量	备注
1				
2				
3				
4				
5				
6				
7				
8				
9				
10				
11				
12				

3. Multisim 软件仿真

1）按照给定原理图完成电路绘制

2）调整输入电源电压为 DC 5V，验证电路功能

4. 电路工作原理分析

5. 元器件布局图

1）先绘制元器件位置及焊盘格数，必备铅笔、尺子、橡皮等工具，注意元件引脚所在的焊点要重点涂黑

2）电路中元器件的位置尽量按照原理图位置布置

3）元器件排布要大小合适，电路布局合理，紧凑

4）连接导线，用粗线连接，连接导线不能交叉

5）写上元器件流水标号，并检查所有图纸，以便查看是否有漏画或画错

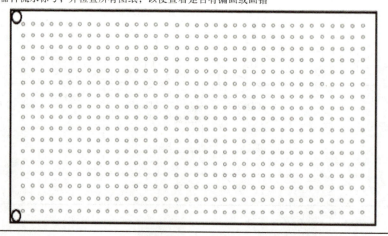

（续）

任务完成结果（故障分析、存在问题等）		注意事项
6. 测量并记录波形 ① TP1 电压波形记录 旋钮开关位置： V/div_____ t/div_____ 读数记录： 电压有效值_____ 周期_____	② TP2 电压波形记录 旋钮开关位置： V/div_____ t/div_____ 读数记录： 电压值_____ 周期_____	
③ TP3 电压波形记录 旋钮开关位置： V/div_____ t/div_____ 读数记录： 电压峰–峰值_____ 周期_____		
评阅教师：	评阅日期：	

考核细则

根据职业资格标准、学习过程、实际操作情况、学习态度等多方面进行考核，可分为自我评价、组内互评、教师评价。得分说明：自我评价占总分的30%，组内互评占总分的30%，教师评价占总分的40%							
基本素养（20分）							
序号	考核内容			分值	自我评价	组内互评	教师评价	小计
1	签到情况、遵守纪律情况（无迟到、早退、旷课）、团队合作			5				

（续）

序号	考核内容	分值	自我评价	组内互评	教师评价	小计
2	安全文明操作规程： 1）穿戴好防护用品，工具、仪表齐全 2）遵守操作规程 3）不损坏器材、仪表和其他物品	10				
3	按照要求认真打扫卫生（检查不合格记0分）	5				

理论知识（20分）

序号	考核内容	分值	自我评价	组内互评	教师评价	小计
1	元器件清点、识别、检测	6				
2	Multisim仿真以及功能验证	6				
3	绘制元器件布局接线图	8				

技能操作（60分）

序号	考核内容	分值	自我评价	组内互评	教师评价	小计
1	安装工艺（参照安装工艺要求）	20				
2	正确安装调试（实现电路功能）： 1）按图装接正确 2）电路功能完整 3）正确通电、调试	30				
3	正确使用仪表（使用仪表，正确测量数据，并记录）	10				
	总分	100				

课后习题

1）CD4069声控报警电路中多谐振荡TP3的周期是多少？

2）简述CD4069声控报警电路工作原理。

3）在CD4069多谐振荡的基础上怎样修改可以改变占空比？使用Multisim软件仿真。

参考文献

[1] 黄文娟，陈亮. 电工电子技术项目教程［M］. 北京：机械工业出版社，2019.
[2] 刘庆刚，晏建新. 电工电子产品制作与调试［M］. 北京：北京师范大学出版社，2018.
[3] 李敬伟，段维莲. 电子工艺训练教程［M］. 2版. 北京：电子工业出版社，2008.
[4] 张恩忠. 电工电子实训教程［M］. 北京：机械工业出版社，2022.
[5] 王俊生. 电工电子实训教程［M］. 北京：机械工业出版社，2022.
[6] 朱延枫，王春霞，王俊生. 电子元器件手工焊接技术［M］. 2版. 北京：机械工业出版社，2014.
[7] 韩雪涛. 电子元器件识别、检测与焊接［M］. 北京：电子工业出版社，2015.
[8] 薛鹏. 微电子焊接技术［M］. 2版. 北京：机械工业出版社，2021.
[9] 周文军，张能武. 焊接工艺实用手册［M］. 北京：化学工业出版社，2021.